香港數學教育的回顧與前瞻

1994年2月攝於校園

香港數學教育的回顧與前瞻
梁鑑添博士榮休文集

主編　蕭文強

泳煊、志雄惠存
鑑添敬贈
一九九五、八、四

Hong Kong University Press
香港大學出版社

香港大學出版社
香港薄扶林道139號

1995 年初版
ISBN 962 209 381 7

萬里印刷有限公司承印

目錄

鳴謝

本文集得以完書，除了各位作者支持，還得到下列各位朋友協助，編者在此謹致以衷心謝意：

王碧霞女士通讀全部中文文稿，提供寶貴意見。

郭家強先生、林至謙先生協助五篇重刊文稿的文字處理工作。

陳秀英女士、盛美玲女士協助全部文稿的中英文文字處理工作。

香港課程改革研討會籌委會主席馮以浤先生慨允“教（學）無止境：數學‘學養教師’的成長”一文的重刊。

Repères-IREM 主編 Evelyne Barbin 慨允“Mathematical Proof: History, Epistemology and Teaching”一文的翻譯及重刊。

張百康先生、黃毅英先生支持文集構思期間的籌組工作。

本文集成書期間，一直得到香港大學出版社張煌昌先生襄助策劃及蘇貝蒂女士認真編校，編者在此亦一併致謝。

梁鑑添與蕭文強攝於校園，1994年2月

1 亦師亦友三十年(代序)

蕭文強

在1963年的秋天，我懷著又緊張又興奮的心情進了香港大學理學院，主修數學和物理。還沒有正式開課，從高年級同學口中已經多次聽到 Doctor Leung(梁鑑添博士)的名字。當時梁師在港大執教雖然只有三年光景，但他的學問、人品、才華及風度在學生心目中已留有深刻印象。梁師在香港長大，中學就讀於培正中學，後負笈歐陸，受業於鼎鼎有名的數學大師 Bartel Leenert van der Waerden 門下。他把 van der Waerden 在1927年於代數幾何重數問題的著名工作推進了，論文發表在素負盛譽的德國學報《數學年鑑》上，並由此獲瑞士蘇黎世大學在1957年頒授博士學位。這位年輕的數學博士在美國教了兩年書後即回來香港，被港大禮聘為數學系高級講師。在那個年代，如此年輕又是本地的學者能夠在這樣一所英式高等學府擔當高級教席，可不多見；加上他在課堂上揮灑自如，字字珠璣，難怪大群學子視之為偶像，至於像《學記》上說的"親其師而信其道"者，相信大不乏人，我乃其中之一。梁師的親切教誨和他對學術的真誠使我感受到數學的魅力，大學畢業後捨理論物理而就數學，與三年受到梁師薰陶不無關係呢！

大一時候教我們代數的是陳郭麗珠老師，開首的幾個星期她先教"數學基本概念"，那是五十年代後期港大數學系實施課程改革的第一步(見 [1] 黃用諏教授前言)。由於缺乏合適的課本，最初由周紹棠老師和陳老師寫了一些講義，待梁師在

1960年加入數學系，他把講義重編並擴大範圍，就成了當時我們用的那份講義，亦即是日後出版成書的 *Elementary Set Theory* [1]，其中第一部分更成為七十年代和八十年代每位修讀數學的中七學子必讀的課本。講完了基本概念陳老師便教線性代數，試用的也是梁師正在編寫的講義，即是日後出版成書的 *Linear Algebra and Geometry* [2]，每位港大數學系畢業生都一定熟悉它。我首次認識梁師是通過這兩份講義，覺得他說理清晰，有條不紊，主次分明，開門見山。而且他寫來踏實認真，一絲不苟，為我輩後學樹立良好學風。

升上大二，才有幸親聆梁師教益，由他講授基本抽象代數課，用的課本是 van der Waerden 的經典名著《近世代數》，每一堂課均如沐春風。他不僅把每個定義每條定理交代清楚，而且娓娓道來，讓學生得到一個全局觀。梁師上課時候的瀟灑超逸更是傳頌一時；他習慣不帶筆記、講義或課本，踏進課室拿起粉筆即邊講邊寫，說話出口成章，板書秀麗整齊，還有那親切的笑容，更吸引學生專心傾聽。（多年後我也教書了，有一次梁師下半年休假由我頂替他的線性代數課，班上有位學生留書勸我要學習梁師授課時面帶笑容，效果當更佳；但這談何容易，弄不好豈非"東施效顰"？由此可見梁師受學生歡迎程度，歷二十多年而不變！）大學畢業後我留在數學系專修一年數學（當時叫做 B.Sc. Special Year ），再度有幸上梁師的代數課。他安排我們各自選一些指定的課題自學，然後在課上做報告，全班進行討論。對我來說那是一次鍛煉經驗，至今印象良深。修畢那一年我即離開港大到美國哥倫比亞大學上研究院，畢業後在美國邁亞密大學教書。

我與梁師較密切的交往始於1973年夏天，那時乘暑假空暇回家一轉，少不免跑回母校探望各位老師。碰巧梁師正在計劃撰寫一套中學數學教材（即是日後出版成書的*Basic Mathematics,* Vol. 1–5, [3] ），而我對數學教育也有點興趣，便跟他談得最多。他把書稿用作實驗教材，糾合一班熱心的中學教師邊教邊談，邊談邊改。關心中學數學教育的大學數學工作者並非沒有，但像梁師那麼躬行慎事，又投入大量精力時間的卻不多見。從他的談話尤其從他的工作中，我明白到一個數學工作者在普及和推廣數學的責任，於是受其感染而萌生回港教書的念頭，但真正成事卻是兩年後了。在那兩年間，梁師不時與我書信往來，在信上鼓勵我教導我，還寄來寫好的課本初稿供我參考。在那個時候，他又和一群熱心朋友創辦《抖擻》雙月刊，並親任雜誌社社長。《抖擻》是一本綜合性刊物，嘗試打破人文、社會、科技、教育各門專業的局限，以學術、思想觀點交流為宗旨。雜誌名字出於清人龔自珍的詩："九州生氣恃風雷，萬馬齊瘖究可哀！我勸天公重抖擻，不拘一格降人材。"由此可見梁師興趣之廣、學識之博及心志之高。

由1975年起，我與梁師成為港大數學系同事，亦師亦友，更多機會親聆教益。梁師為人幽默隨和，笑謔不禁，使我這名後輩有時亦稍作"僭越"之言，卻由此更好明白容他和自嘲的深意：能容他方能待人以寬，能自嘲方能律己以嚴。初回港大那幾年，數學系座落紐魯詩樓二樓，梁師的工作間和我的工作間相隔極近，我們又常常是最早回系的兩個，很多時清晨七時半左右我便坐在他的工作間裏。我們一邊品嘗他親手烹調的香濃咖啡（我戲稱作"西洋王老吉"，梁師不加"雜質"，我則加糖加奶，梁師當有"對牛彈琴"之嘆！），一邊說古談今或者開方立圓，不僅樂也悠悠，兼且獲益良多。梁師數學修養之高固不必多說，於文史哲和藝術欣賞，亦功力相當，與他聊天一次簡直等於上一課通識教育。（但有一樣我始終入不了門，梁師乃文物鑑賞專家，我跟隨他多年仍然一竅不通，非常可惜。不過，每次踏進他的工作間或他的宅邸，都有如踏進美術博物館，倒是怡神養性的事。）除了中文英文，梁師亦精通德文和法文，碰到有甚麼不明白的文辭或字句，只要到他的工作間打個轉，必有所得。（梁師母也是一位優秀的語文教師，精通數種語言。曾經有一次我向她執卷問難，她逐字琢磨，認真的作風與梁師不遑多讓。）從八十年代初開始，梁師加入了我們每天的午間游泳活動，健身之餘大家更有機會在池畔或午餐桌旁漫談，不少計劃都源於這些池畔桌旁的閒聊呢。譬如很多年來數學發展史這門課都由梁師和我共同講授，大家合作愉快；又譬如最近數學系舉辦"數趣漫話"普及講座，也看中我們合作愉快這點而選派梁師和我在三月作第一次嘗試。結果以梁師的號召力，吸引了六百多名中學師生，座無虛席，佇立者眾，極一時之盛。

七十年代初“新數運動”風起雲湧，幾乎風靡世界各地，但梁師當時看得出由此可能衍生（或者已經出現）的弊端，於是既在《抖擻》上發表文章促使大家關心這樁數學教育大事，又親自編寫中學數學教材進行試驗。他再以身負多個數學科目委員會公職的影響力，陳述“新數運動”的利弊，使香港數學教育少走了由“新數運動”產生的某些歪路；後來在七十年代後期當香港數學教育局面呈現混亂之際他又穩住了路向，實在功不可沒。雖然因為各種原因，尤其因為未能配合考試，他編寫的教材沒有機會給採用，但環視二十多年來本港的數學課本，還沒有那套比得上 *Basic Mathematics* 的構思清新、內容活潑且富數學品味。也許我們應該深思，為何那麼富有特色的教材反比不上習作式的課本吃香呢？到了八十年代後期，梁師感覺到香港的中六、中七以至大一學生沒有合適的課本，把他們應該通曉的基本數學知識有條有理地交代清楚（好的英文課本不是沒有，但若非內容太淺便是起點過高），撰寫一套“高中數學三部曲”的念頭油然而生。很多次在閒談中他都提到這套書，希望先由基本概念開始，其次講解高中代數，最後引入具體的線性代數和幾何。結果，前後花了好幾年工夫，他才陸續出版了整套“高中數學三部曲”[4–6] ，對有志學好數學的年青學子，造福不淺。

梁師雖是謙謙君子，煦煦儒者，但他也是一位剛直不阿、擇善固執的學者。由於他淡泊名利，故有光風霽月之懷，絕不趨炎附勢，也不隨波逐流；反之，對於看不過眼的事情他必坦率直言，以理服人。七十年代中期他在港大理學院院長任內如是，九十年代已屆退休之年當他見到大學教育界充斥經濟效益為本的急功近利作風時亦如是。

轉眼間我與梁師在港大數學系共事快達廿載，由受業於其門下算起，更快達三分一個世紀了！下學年他便要放下傾注了將近四十年心血的教育工作，移居法國鄉郊，隱逸林泉。梁師在港大教學三十五年，桃李滿門。他為人謙和，毫無架子，路上不論遇上師生、工友、司機、看更、等必微笑點頭，所以校園裏無人不識梁先生，而且人人都尊重他。下學年校園裏少了他的熟悉身影，大家必然覺得少了甚麼似的，不過大家也一定祝願梁先生伉儷林泉閒適，身體健康。我們一群有幸受業於梁師又深受其言行影響的學生想到為他的榮休出版這本文集，一方面選錄梁師在七十年代發表的一些文章作為回顧，另一方面收集一些談論八十年代以至九十年代香港數學教育情況的文章作為前瞻。（在很大程度上，這些問題並非香港獨有，世界各地也是面對同樣的問題。）其實，我們出版這本文集還有一個更深遠的宗旨，就是希望通過這本文集的新舊文章聯絡更多從事數學教育工作的朋友，讓更多將要任數學教師或已是數學教師或在其他數學教育機構任職的朋友瞭解近三十年來數學教育面對的一些問題，從而集思廣益，群策群力。七十年代數學教育大改革的日子遠去了，當時梁師站出來作出了貢獻，今天數學教育局面又到了需要改革的關頭，作為他的學生，我們不想坐視不理。我們編印這本文集的動機，一方面是試圖模倣梁師的言行以表達我們對老師的尊敬，另一方面在這時刻做一番回顧與前瞻的工作，希望對數學教育工作者還有一點參考價值。

以下讓我撮要介紹文集內容的編排。文集開首選錄梁鑑添博士五篇文章，皆各具特色意義，非僅作為香港數學教育的"歷史記錄"而已。"關於香港中學數學的教育改革"刊於《抖擻》創刊號（1974年），文章以實事求是態度指陳當時風靡世界的"新數運動"的利弊，並且指出香港教師應該有信心有能力在"新數"和"舊數"的教學經驗基礎上取長補短，興利除弊，改弦易轍，創出一個新局面。更細緻的探討，見諸三年後的"香港中學數學課程的回顧與前瞻"（1977年）；今天重讀結尾展望一節，當會發覺不少論點放諸二十年後的今天依然適用！"評論近二十年來中學數學課程改革"（1980年）洋洋二萬字鞭辟入裏全面分析當時"新數運動"的興衰，是每位要瞭解七十年代香港數學教育改革的時代背景的人一定要讀的參考文章。"幾種幾何教學方法的比較"（1977年）是當時一個研討會上的演講稿（沒正式發表），針對因"新數運動"而給揭示的一個"老、大、難"問題：幾何的教學。時至今天，我們仍未找著滿意的解決方法，就連對幾何這科的取捨仍然爭論未休。"一門與數學發展史有關的課程”（1980年，與蕭文強合著）敍述了一段在大學課程裏結合數學史和數學的教學經驗，在當時這種冷門課程是不受重視的，但八十年代後期開始，這類課程在世界各地漸漸普遍起來。在這裏我要感激梁師多年來支持我重視數學史（不單是用作裝飾花絮而已）這種信念，在這個方向我寫的頭一篇文章“數學發展史給我們的啟發”，便是梁師鼓勵我下筆，替我潤飾，並且讓它刊登在《抖擻》上（1976年）。

以上文章描繪討論七十年代的香港數學教育情況，踏入八十年代普及教育實施後，這些情況有沒有改變呢？黃毅英的“普及教育期與後普及教育期的香港數學教育”全面地介紹今天的局面。馮振業的“舉步維艱的小學數學教育”指出了一個向來不受重視但其實是問題根源的環節：小學數學教育。孫淑南以他的豐富教學經驗如實地反映了“第五組別學生”的境況，在“中學數學課程改革：從第五組別學生談起”道出了教師的心聲。蕭文強的“少者多也：普及教育中的大學數學教育”和陸慶燊的“難易之間：數學教與學的一些感想”都是從大學數學教師的角度看數學教育，共通之處是以學生為本，但並非主張單方面遷就學生降低水準，而是希望基於學習心理和情緒因素增強學生的“數學感”。通觀以上各文的論述，從小學至中學至大學的教學，關鍵因素始終是教師素質，陳鳳潔、黃毅英、蕭文強的“教（學）無止境：數學‘學養教師’的成長”提出了一個跡近“烏托邦”但不失為一項理想目標的想法，希望教師注意“處處留心皆學問”。

不容否認，九十年代的課堂環境與社會環境比起七十年代甚至八十年代轉變了很多，周偉文的“科技社會的數學和數學教育”介紹了高科技產品如何影響教學方法和教學內容，而沈雪明、李金玉、林建的“統計學的活動教學法：中學生統計習作比賽”則從統計在社會上的普遍化這個角度看中學數學教育，敍述了一種活潑的教學經驗。但不論科技如何發達、社會如何發展，從古至今數學保持它的一個特色（這也是我們應該讓學生瞭解的），即數學是一門“精確”的科學（an exact science），而這個特色是體現於一項別的學科所無唯數學獨有的活動：數學證明。從教學角度看,數學證明又是一個“老、大、難”問題（幾何教學成為“老、大、難”問題，恐怕其實是數學證明有以致之），如何看待數學證明這樁活動是每位關心數學教育的人必須面對的重要問題。這裏收集兩篇討論數學證明的文章，不容否認，都是理論味道較濃，讀起來得費一點氣力；但這是值得的，因為九十年代香港數學教育如果有改革的話，數學證明始終要提上日程來，我們事前要對一些理論探討熟悉一下才成。黃家鳴的“數學證明與日常生活論證”從認知心理學看這個問題，並且從學生的角度看，指出日常生活論證不一定有助學習數學證明，說不定反成為學習障礙。另一篇是Evelyne Barbin（法國數學教育研究所）的“數學證明：歷史、認識論、教學”（英文），譯自原法文本。考慮到一般數學教師不容易找到或者閱讀原文，但文章從歷史角度和認識論角度介紹數學證明的教學，頗能引發深思，所以陳鳳潔把它譯成英文收在本文集內。接著是姚如雄的“歐氏幾何的不是歐氏教法”（英文），他介紹自己在美國大學裏進行的一項教學新嘗試，一方面觸及了數學證明這個話題，另一方面也呼應前面“幾種幾何教學方法的比較”。結尾當然少不了訪問梁師，請他抒發他對現今香港數學教育狀況的意見，由莫雅慈整理成為“梁鑑添博士漫談香港數學教育”一文。

固然，論政與從政是兩碼子事，撰寫數學教育文章不等於參加數學教育改革的工作。梁師當年不只“論政”而且“從政”，而我們在這本文集只是“論政”而已；但既然梁師教出來這樣一群還肯花時間精力“論政”的學生，他也教了這群學生應該花時間精力“從政”，各自在他們的教育崗位上盡力，並聯同其他數學教育工作者，為九十年代的香港數學教育闖出一個新局面。

1994年12月7日

參考資料

[1] Leung, K.T. and D.L.C. Chen. *Elementary Set Theory*. Hong Kong: HKU Press, 1967.

[2] Leung, K.T. *Linear Algebra and Geometry.* Hong Kong: HKU Press, 1974.

[3] Leung, K.T., D.L.C. Chen and C.L. Chan. *Basic Mathematics,* Vols. 1–3. Hong Kong: Longman Group (Far East) Ltd., 1975/1976.
Leung, K.T. and D.L.C. Chen. *Basic Mathematics,* Vols. 4–5. Hong Kong: Longman Group (Far East) Ltd., 1977/1978.

[4] Leung, K.T. and P.H. Cheung. *Fundamental Concepts of Mathematics.* Hong Kong: HKU Press, 1988.

[5] Leung, K.T., I.A.C. Mok and S.N. Suen. *Polynomials and Equations.* Hong Kong: HKU Press, 1992.

[6] Leung, K.T. and S.N. Suen. *Vectors, Matrices and Geometry.* Hong Kong: HKU Press, 1994.

2 關於香港中學數學的教育改革

梁鑑添

在五十年代末期，歐美各地都先後發起了大規模的中小學數學教學改革運動，當時提出了很多改革口號：如（一）縮短在近十多年間漸漸增加了的中學數學和大學數學之間的距離；（二）現代化中小學的數學課程，以適應現代社會的需要；（三）減少死板的講學式授課方法，介入各種生動的啟發式教學方法；（四）徹底革新整個歐基里得幾何課程等等。這些純教育性的口號，不但放之四海皆準，而且在甚麼時間提出，都會被認為是順理成章的。

如所週知，在西方國家裏，一切學術研究、教學改革等等的事務，都是非財不行的。那麼，當時西方政府和財團基金會，對這項教學改革的大量財政支持，是出於甚麼動機呢？不善忘的人還會記得五十年代末期蘇聯人在太空事業的成功，那一連串的舉世矚目的成功，對西方社會不是產生很大的衝擊嗎？那時候，西方的學者和教育界不是就掌握了這個時機，在六十年代裏，大大地擴張了大學教育和各項科學研究活動嗎？現在還在各地的中小學裏流行著所謂"新數"，也就是在那時候，動用了大量的資金和人力所產生的。

一襲國王的新衣

在香港的情況當然就不一樣了。雖然此地也不缺乏高思遠見之士，但本地政府和財團，都沒有撥款支持非生產性的學術或教育活動的習慣。可是這也難不倒本地以急求改革為己任，而且足智多謀的教育界先進者。他們急不及待地響應了西方改革家，援用了他們的改革口號，在未有足夠批判和考慮的情況下，套用了當時西方一般試用中的課程和辦法，在未必恰當的地方稍加修改，推出了一套中學的"新數"課本。另一方面，他們把現代數學神秘化，不但社會人士以為它是不可觸摸的，一般中小學教師也以為是高深莫測的東西。在官、商、學的支持之下，這套"百鳥歸巢"式的課本，就風靡一時。因其錯漏太多，教師們很快便對它失了信心。但是外來的"新數"課本，又因為語文或日常生活習慣都不適合本地的要求，所以這套本地的"新數"課本，就在教師們無可奈何之下，控制了香港的"新數"局面了。稍後面世的小學"新數"也因此沒有獲得一般教師的接納，所以在香港是小學"舊數"，中學"新數"。根據最近政府教育司署的估計，大約有百分之七十左右的中學生在學"新數"，而只有極少數的小學生受到這個教學改革的影響。

"新數"就以這樣開始，而在香港也實行了差不多十年了。那麼"新數"在香港所得的效果是怎樣呢？無可否認，這項措施曾得過廣大的數學教師和關心數學教育人士的擁護。假如我們將數學教學改革正確地看成一個長期性的事務，則"新數"的推行，是產生過從靜止到活動的作用；這一記功勞是應該被肯定的。目前一般教師對課程和教材的關心、對數學和其他學科的關係的討論，"新數"也有它不可抹煞的功勞。比較具體一點，"新數"也確實消除了在香港的一些數學教學上傳統性的弊漏。如以往那些不合理的英國貨幣、衡量的煩瑣運算，是不再會出現了。現在也再沒有人堅持把在代數、三角、幾何上極其複雜，而且應用很少的部份，包括在中學數學課程裏面了。

雖然"新數"的確解決了一些傳統性的問題，但它也帶來了更多的、程度更深的困難。在下文我們將對其中比較重要的加以討論。在香港，我們不難觀察到，在"新數"培育下的中學生，對數學理解而言達不到改革家的期望，對數學作為一種科學工具而言也不能滿足其他自然科學教師的要求。很多教師面對學生們日漸低降的數學能力而擔心，但是對這個已成僵局的

"新數"局面還未有完善的對策。一些條件比較好的學校，採取了以"舊"補"新"的措施。這就是以"新數"為主導教材，適量地補充"舊數"（尤其是代數方面）的材料。可是要使"新""舊"教材銜接起來，不是單方面的加插工夫可以辦得到的；所以實行這項措施的老師，不但感覺到選擇教材方面吃力，而且總不能相信這項緊急措施能消除旦夕之憂。在學生方面的嚴重性就更不待言了。也有一些學校完全放棄了"新數"回復教"舊數"去了；這個看來是比較消極，但和前者一樣都不失為苟安之計。在香港是這樣一片淒涼氣派，但在其他各地也不見得太好，據說在美國有一位先進的"新數"大學教授，早期擔任過某著名"新數"企業的頭子，當年意氣風發，自以為為人類創造了幸福。可是幾年之後，當他的兒子在中學身受這"幸福"之害時，他發覺大局已成、局面已經超越了他的控制範圍，無法挽救了。前年逝世時，雖然不是身敗名裂，但總難免飲恨終身。

有些憤世嫉俗的人把"新數"事件比作安徒生童話集裏的一個故事，說"新數"是二十世紀的一襲國王的新衣。

失在於制，不在於政

無可否認，香港"新數"的僵局，主要是課本所造成的。可是有人卻要把大部份的責任推到教師，尤其是低年級教師的身上。他們說：未經正途訓練過的教師不能把"新數"傳授給學生，所以只要政府願意大搞各式各樣的師訓班，則所有問題都能迎刃而解了。當然，原則上師訓班是一件好事，但是當前問題卻不在教師，而是在教材。比較老實一點的人認為現存課本都大有等待改善的餘地，並且，經過改善了的課本便能緩和現局，減輕教師和學生的負擔。不過在努力於改善課本的同時，而不嚴格地審查"新數"的本質和其教育價值，恐怕也只是徒勞無功，解決不了基本問題。

"新數"的確是一個十分漂亮而具有吸引力的名稱；顧名思義，"新數"應該是新的數學。但是除了一些皮毛地涉及電子計算機的教材之外，其他"新數"的數學內容，最新的也有一百幾十年的年紀，最老的就有幾千年的高齡。所以"新數"的新是因為它是中學數學課程的一項新試驗，在本文的討論範圍裏，"新數"是指五十年代以後產生的，與傳統有所不同的中學數學課程。為求方便起見，傳統式的中學數學課程被稱作"舊數"。在"新數"的範疇裏，也有各家各門。門派之間也有學術上，商業上或權勢上的爭執。在下文我們列出幾個主流"新數"的主要特徵，加以討論。

基礎論

差不多所有"新數"課本都標榜著數學理論的結構，和這結構的嚴謹性。作者們看準了現代數學理論是通過集合論的語言，和理論邏輯的推理方法而展開的，所以他們就把這兩個項目看成為整個數學課程的兩根支柱。他們認為，中學生在學習數學之前，先要搞清楚嚴格的邏輯推理方法，和熟習集合論裏面的術語和符號運算。（因此一般社會人士常常把"新數"和集合論聯成一起，以為非集合則不為新了。）另一方面，他們又認為嚴密性和準確性都不可被犧牲，所以在他們介紹集合論和理論邏輯時，就採取了正規化陣地戰的方式，動用了一大堆使剛從小學升級到中學的學生感覺到莫名其妙的定義。因為這種教學法比較板滯，再加上學生們的數學經驗的貧乏，所以獲得的效果是十分使人失望的。學生們根本沒有摸索到學習的動機，也不知道這些晦澀的東西的用途；我們不難想像得到，他們在這個極端被動的學習狀態之下的困擾。

集合論在高等數學上，無可否認是起了語言簡潔化，問題統一化，處理過程經濟化等等的作用。但是，把它放在最初級的課程裏，就像學英語先學文法再學字母一樣的滑稽了。同樣地，牽強地注入理論化了的推理方法，不但沒有鞏固了學生已有的認識，而是混亂了這些還是比較脆弱的認識，使學生面對具體問題時不知所措。

其實這種基礎論，不外是從大學數學課程上移植到中學課程上的一種風氣。即使在大學數學課程裏，有不少人已經對它存有懷疑了。

形式化

"新數"的另一個顯著的特徵是它的過度形式化。這個特徵，其實也是上述的基礎論的教育宗旨下的必然產品。在教學方法上形式化表現得尤其顯著。"新數"課本編著者們，對似嚴格、半準確的定義和數學名詞都有偏愛。我們試舉一個不算是最極端的例子，如一個很簡單的一元一次方程式 $2x = 4$。

對這個很普通的課題，我們有一些合理的要求；我們要求學生在學習中，明瞭甚麼是未知數，和明瞭方程是對未知數的一個條件。我們也要求學生盡快地掌握了解方程式的技術，並且要求他們能從具體情況列出方程式來。一個很自然而且很有效的方法，是通過具體實例作為學習動機，介紹出有關的討論要點。例如我們可以引用，某物價從一月至六月漲了一倍；已知六月的物價是四元，求一月時的物價。通過幾個相似的例子和適量的習題，這個課題的目的都不難達到。

"新數"課本的作者卻另有他們的一手；為求引出一個絕無瑕疵（最少他們是認為如是）的方程式的定義，他們不嫌其煩地拖出一連串的形式概念。首先是命題和其真值，再而是複雜命題的邏輯結構。更困難的一個概念是開命題，最後才能把開命題數學化作出方程式。根據這個方式，$2x = 4$ 只是一個開命題，作為一個開命題，它的真值是依持位者（place holder）x 的值而決定的。於是他們說：當 $x = 1$ 時，這個開命題就變成一個命題 $2 \times 1 = 4$ 了。這個命題的真值是負，所以 $x = 1$ 就不能是開命題 $2x = 4$ 的真集（truth set）中的一個元素。當 $x = 2$ 時，開命題 $2x = 4$ 變成命題 $2 \times 2 = 4$；而這個命題的真值是正，所以 $x = 2$是在開命題 $2x = 4$ 的真集內。再進一步，他們指出單元集$\{2\}$就是開命題（也就是方程式）$2x = 4$ 的解集（solution set）了。

對這種曲折而又間接的課文和教學法，我們總不免覺得它是不著實際和吹毛求疵，而其效果也很低，因為在整個課程裏充滿了相似的定義鏈，所以在整理定義，介紹概念上要做的工夫，超過了在操練基本數學技術上要做的工夫。這樣做成了學生只會強記概念的定義，而不明白其本質，更談不上數學知識的應用。所以只看表面不理內涵的人，看過了課程大綱便以為數學程度是提高了；這樣就中了“新數”的計。

系統論

無可否認，現代數學在理論上和應用上都有了很大的進展。但是將它向中學生吹噓成為人類智慧最完善的理論系統，就太過份了。而且從這個構思出發，就會造成課程的凝固。其最顯著的表現，莫如在各個數系統的處理。本來初中代數應該是在小學的算術基礎上，推廣運算的應用，同時提高學生對運算的認識。在“新數”的課本裏，我們可以看到的，是各個數系統的逐一介紹：自然數系統、整數系統、有理數系統、實數系統、複數系統。在處理這些數系統時，它們的代數結構被看成學習的大前提。於是乎，就繁複地搬出可換律、結合律、分配律等。

聞說某地也曾發生過這樣一個鬧劇。教師正在想通過問答的方式講授整數的加法。在課室有這樣一段對話。

教師說：“瑪莉，二加三是甚麼？”
瑪莉　：“二加三是五。”
教師說：“不對！約翰，二加三是甚麼？”
約翰　：“二加三是三加二。”
教師說：“對了！但是，為甚麼是這樣呢？”
瑪莉和約翰一齊說：“整數的加法是符合可換律的。”

通過各種運算規律的驗證，學生當然學不到在初中階段上有用的工夫。相反地他們可能會獲得了一個印象，以為數學學習的過程是，先作出一個框框，然後把各種莫名其妙的東西填充上這個預先做好了的框框裏面。這樣就完全地誤解了公理和定義在處理數學結果的作用，把數學歪曲成一門必須通過“大膽假設，小心求證”的“治學法”來研究的學問。

上述三點是主流“新數”的幾個比較顯著而且影響較大的特徵。這都是沒有根據香港的杜會環境和需要，從外國人毫無批判地硬搬和模仿過來的。（我們以前不是多次吃過這樣的虧嗎？並且再吃虧的危險還存在著。）

概括地說，在六十年代的“新數”潮流下，香港的數學教學把理論放在實踐的前面；同時在濫用概念和教條主義的傾向之下，使數學嚴重地脱離了現實和應用。所以在這個不健全的制度下，單求師資訓練和課本修改，只是治標而不是治本的辦法。

大衆的願望

香港的中學生和教師所期望的是一個怎樣的數學課程呢？毫無異議，對課程的第一個要求是精簡。為了提高學習效率，目前在繁重功課壓力下學習的中學生，他們的負擔應該適量地減輕。年來各科都有一個傾向，在提高程度，適應社會要求等的口號下，把課程逐年加重。結果學生們為了應付考試，只有把錯綜複雜的教材勉強地記憶起來。這樣做成了危險的腦袋交通擠塞（有人把接近會考的學生的腦袋比作一個快要破裂，裝滿著各式各樣破爛雜物的殘舊塑膠手提包）。其實在現行的課程裏，可以刪去的材料是不少的，例如所有在低年級的集合論和數理邏輯、抽象代數的概念、繁雜得連在大學課程裏也難找到的代數式、三角式的運算和很多的整數論的材料等等。勾消了這樣的一大堆，就提供了重新安排主導內容很好的條件，只有依照一個精簡的課程，學生才能從容不迫地建立基本數學觀念，熟習其基本性質與應用。

數學課程不應該是整個學校課程裏面的一個獨立王國。歷史上，數學的發展是人類思想發展的一個重要環節。人類在生存鬥爭中，不斷地需要克服自然界和社會裏的困難；數學在這個鬥爭中產生和長成，也是人類在這個鬥爭中的武器。近年來有人把數學吹噓成純理智的產物，把數學藝術化起來，千方百計地找尋其獨立存在的理論根據。這都和現實不大符合的。在中學數學課程裏，最初步的要求是將數學和其他自然科學、社會科學加強聯系起來，達成各學科的互利互助。其實不單只數學是學習其他科學的主要工具，其他科學還可以提供學習數學的動機和應用場所，直接或間接地提高學習興趣和鞏固對數學的觀念。更進一步學生應該通過學習數學，加強認識人類思想發展過程。近年有人在中學課程裏加插上幾個古今數學名家的畫像，個人歷史和他們的成就，使學生得到了一個不大正確的印象，以為數學不是靠人類智慧的積累而是由幾個數學大家所創造的，而且以為學數學是靠天份，而創造數學則非天才莫問。這種思想灌注真是大有問題。

既然要把數學貫徹到各個學科裏面，中學數學課程也要突出數學的特殊性。這就是確立空間，函數等基本數學觀念，並且兼顧到數學和個別學科互相聯結上的特殊性，務使學生對數學獲得健全的認識，並且在合理程度上熟練演繹推理和有意義的數學運算。（其實演繹推理能力和運算技巧，並不是互相排斥而是相輔相成的。）

結語

教學改革是一項連綿不斷的事務，它是不能長久地停留在任何一個階段之中的。在每一個地方，每一個時候，教學都要根據當時、當地的客觀環境進行改革，六十年代的數學教學改革，已經完成了它的歷史任務。雖然從此時此地的觀點來判斷，它具有很多缺點，而且亦引起了一連串的不良後果；但是在那時、那地，它曾經扭轉了凝固了數十年的局面，所以對長久的改革事務它立了一個大功。在總結六十年代的數學教學改革的當時，我們亦有同時把改革再推前一步的任務。儘管現在還存在對進一步改革的阻力，但是一個新課程的創立，似乎是大勢所趨，人心所向。關心香港教育的人都希望這樣一個新課程能振作起年來漸趨頹廢的情緒，而且香港教師也有足夠的能力，在“新數”和“舊數”的教學經驗基礎上，取長補短，興利除弊，改弦易轍，創出一個新局面。

原文刊於《抖擻》，1，1974年1月，36–41頁。

3 幾種幾何教學方法的比較

梁鑑添

中學數學教程改革的一個新局面

近十多年前世界性的中等數學教程改革使香港中學的數學，考試的型式和內容都起了很大的變化。在六十年代環繞著“教甚麼”和“怎樣教”這兩個大問題曾經發生了十分激烈的辯論；近年來辯論似乎沒有以前的熱鬧了，較激進的先生們溫和了，較保守的先生們也接受了教程改革的必要。在目前的“新數”、“舊數”和平共處的局勢之下，大多數的教師都希望能把教程改革再推前一步，總結“新數”的教學經驗，減少其中較為空洞的部份，破除在梗板的教條主義下滋生的新迷信，對“舊數”中可取的部份作出新評價，通過共同努力作出一個適合本地學校、教師和學生的教程。

假若把中等數學教程粗略地劃分為代數和幾何兩大部份，我們可察覺到兩種不同的現象。關於代數部份，“教甚麼”已經不成為劇烈爭論的問題，環繞著“怎樣教”意見尚有分歧，但不是對抗性的分歧。這是一個相當健康的現象；同一個數學課題可以通過多種教學方法處理，在具體教學法上要求統一是不對的。關於幾何部份，目前就是對“教甚麼”仍然沒有任何跡象令我們相信在短期內會出現一個能受大多數數學教師接受的、較為有系統的、初步統一的方案。環繞著“怎樣教”的分歧就更大了。

中學幾何的今昔

為了方便我們認識和探討目前的局勢和進一步謀求對策，讓我們先回顧五十年代和更早一點的情況。在當時的六年制中學課程裏，幾何部份包括了平面幾何、立體幾何、解析幾何和有密切連帶性的三角，而幾何部份在整個數學教程裏佔著一個極重要的地位，而且幾何的授課時間也佔數學科的總授課時間三成以上。對今日的討論更為重要的是，平面幾何在整個幾何課程授課時間裏也佔五成。和目前流行的“新數”和“舊數”比對，我們清楚看到，“量”是大幅度地減了。

往日的平面幾何和立體幾何教程是所謂“純幾何”，亦即是根據歐基里得的教本編寫而成的教材，再加上一些所謂“摩登幾何”。後者是歐氏教本成書後的一些幾何定理的纂輯，包括如九點共圓等定理。十多年前，解析幾何是在中學的最後一年教授的，這是以代數方法，借助座標系統，探討幾何圖形性質的一門數學。六十年代以來，歐氏幾何在中學數學教程裏漸漸減縮，在最近公佈的一個中學畢業會考的數學考試大綱裏，根本沒有任何歐氏幾何的蹤跡。在時下流行的“新數”課本裏我們也找不到對幾何有比較系統化的和持久的演述。涉及比較重要的幾何定理時，也不著重它們的來由和互相關係。對學生的要求也不如以前那樣嚴格，一般而言，極其量只滿足於他們能夠有限度地應用一些定理作出一些極為簡易的推理，演繹出一些較為直接的結果。至於解析幾何，除了肢解之後分別安插在各年級之外，在內容上沒有多大的改變。

我們看得到，這十多年的變遷，不僅是量變，質也變了。為了檢討質變的各個問題和尋求今後歐氏幾何在中學數學教程的適當地位，我們得先談談歐氏幾何本身的特徵，它的內容、結構，和前人給予它的教育任務。歷史學家們認為在歐基里得在世時，前人成功地承繼了古埃及、巴比倫的優良幾何傳統再加以發展，把幾何學從經驗和直觀階段進入了較有系統、較嚴謹的推理階段，歐基里得的最大成就是將當時已經累積下的，而且相當豐富的幾何知識加以徹底的整理，使其成為一個完整的體系。這項工作是十分艱巨的，他的成就在數學發展過程裏起了突破作用，而且具有極之長遠的影響。進行這類繁複、困難的工作，首先要把已知的各種幾何圖形性質的邏輯關係搞得清清楚楚，辨別哪一項性質是另一項性質的"因"，哪一種性質是別一種性質的"果"。從這些錯綜交雜的因果關係，找出在不允許循環相引之下，所有不可被看作別的性質的"果"性質。這些經過極其精緻挑選出來的、最原始的"因"性質，再進一步和實際經驗比對，沒有衝突的名之為公理。所以從公理得出的"果"性質名之為定理。完成這步驟之後，便要依相反方向進行工作，把認為是定理的性質從公理出發，以推理和演繹法加以証明。我們可以想像到歐基里得必然是經過多次的反覆尋求，再加以簡潔和精密，最後把研究結果寫成他的名著*Elements*。這本幾經洗鍊的名著不再表露刀斧的痕跡，我們只看到一座完善的藝術精品。閱讀*Elements*的後人看到，從簡單的圖形可堆砌出千變萬化、無窮無盡的各種幾何圖形，又從最容易使人接受的、為數不多的簡單圖形的原始性質出發，通過最嚴密的推理方法，求出先靠直觀、幻想、或經驗找不到的，極其複雜的幾何圖形的奧妙性質。現有的歷史資料未能提供足夠的實據使我們清楚，在*Elements*哪些是歐基里得的個人貢獻、哪些是前人的成果；作為當時希臘人對幾何認識的一個總結，*Elements*的確是人類思想史上一項空前的偉大成就。

面對幾何教程改革問題的兩種反應

十多年前的中學幾何學課本可不是*Elements*，而是它的各種簡化了的普及本，因為中學生的智力水平和學習時間對教材都加上一定的約束，歐氏幾何不得不有所修改。雖然當時被公論為學習幾何的主要目的是傳達歐氏幾何的基本精神，使學生能掌握嚴謹的推理方法，進而領會和欣賞歐氏幾何的思想成就，但是功效卻不見顯著，極少數學生能領略到它的精神和欣賞它的成就；小部份學生能掌握一些推理方法，但也只能機械地、呆板地依照固定的形式工作，不能靈活運用；大部份學生就根本不知所謂，幾何對他們只是極之繁瑣的、累贅的精神負擔。學生感覺困難，老師感覺困擾，無計可施。實際要達到當時的要求，歐氏幾何的先天缺陷和實際教學的限制不能使這個崇高的理想有實現的機會。

面對這個難題，在六十年代教育改革的高潮，出現了兩項背道而馳的反應，"右"的反應是把中等幾何，盡量嚴格化，通過集合論的語言把它公理化。有代表性的作品是美國的SMSG實驗課本，在這套八百多頁的課本，作者試圖建立一個適用於中學教學的公理系統，從這個系統出發嚴謹地証明一些主要的幾何定理，同時通過一定分量的習作訓練學生掌握推理方法。可惜這個看來十分有條理的公理系統共有公理二、三十條之多，在動員這批公理付諸於應用之前所需要的工作量很大，所以就是要証明一些極簡單的定理之前，學生也要在淡而無味的邏輯操作中花很大的氣力。授課時間的浪費和缺乏趣味性是這套實驗課本的最大弊端，其實表面上公理化做得"整齊，清潔"只不過是避重就輕地處理了歐氏公理系統的整理問題。David Hilbert 等已經明顯地指示過，徹底解決這個具有二千多年歷史的難題並不是這麼簡單的。

"左"的反應是"打倒歐家店"。既然理論和實際都不允許在中等數學水平上完善地處理歐氏公理系統，也不能無損於公理化、嚴謹化的要求下教授歐氏幾何，有人主張寧要沒有歐氏幾何的數學教程，不要有不完善的歐氏幾何的教程。不過"打倒歐家店"還不等於"打倒幾何"，中學生還是要學點幾何學。反對歐氏幾何的教育家對"怎樣教幾何"還沒有一致的意見：有些人主張"直觀幾何"— 成為"直觀派"；有些人主張"代數幾何"— 成為"代數派"；有些人主張"變換幾何"— 成為"變換派"；有些人主張"實用幾何"— 成為"實用派"；還有些人根本不明白幾何和它的教育意義，卻以教育改革者姿態，利用他們的權力和地位，發號施令，他們成為"不知所謂派"。這派在香港也很盛行，也是為害最大的幫派。以下粗略地介紹其他各派的主要觀點，並稍作評論。

幾種幾何教學方法的比較

直觀派

直觀派的主要觀點是，既然我們不能完整地、嚴格地、公理化地把歐氏幾何安插在中等數學教程裏，而學生又必須認識一些基本幾何事實和掌握一些基本幾何知識，則不如盡量地把幾何在教程裏的地位降低。這個降低水平同時又縮小範圍的做法獲得很多人的支持，因為工作量比較少並且容易達到目標。他們提倡通過觀察和實驗來認識基本幾何事實的"Do it yourself"學習方法。在熱心的老師指導之下這種學習方法可以增強課室裏的學習氣氛，可以活潑、生動地提高學生的學習興趣。十多年來世界各地出現了大量的，針對個別課題、個別幾何定理的極之有趣的教學法。在這方面他們的成就是可以被肯定的，也是值得借鑑的。但是值得批評的地方是，這樣的教程要把一門好好的幾何學搞得支離破碎，失去結構，極其缺乏其應有的完整性了。因為可以只通過直觀和實驗來認識的幾何事實本來就不太多，為了豐富內容不能不牽強地把不必要的而興趣較高的材料加插在教程裏。這樣往往做成內容和教學法的不平衡，引致學生對幾何產生錯誤觀感。

代數派

代數派認為歐氏幾何的主要教育目的是訓練邏輯推理，而學習這門方法是可以更直接地通過別的，如集合論、理論邏輯等學科進行的，倒不如干脆地取而代之，而有關幾何知識部份則以解析幾何代之。他們也認為，集合論、理論邏輯、解析幾何的方法和內容作為其他各數學部門的基礎遠比歐氏幾何為重要，所以學生更應該盡早開始認識，長期學習和深入研究。盡早開始學習解析幾何是極有必要的，但是對集合論和理論邏輯很多人會提不同的意見。這兩個學科對有關數學理論基礎問題雖然是十分重要，但是作為初步訓練推理方法的教材，它們是不大適合的。對中學生來說它們的方法太梗板，它們的內容太貧乏，所以不能替代歐氏幾何所能大量提供的、豐富的、生動的、多變化的習題，以貫徹邏輯推理的訓練。近十多年來世界各地的實際教學經驗完全支持了這項對集合論和數學邏輯在中學教程的批評。

另一方面，雖然大部份又同意提早和深入學習解析幾何的提議，但是對解析幾何完全替代了歐氏幾何的提議抱懷疑的人這幾年來漸漸增加了。他們感覺到，取消了歐氏幾何之後，整個中學數學教程嚴重地偏向了分析法，忽略了綜合法，失去了平衡，對學習思考能力方面產生不良的影響。歐氏幾何的結構是通過綜合法（synthetic process）建立起來的，亦即是說從簡到繁，從已知到未知的過程。從簡單圖形如點、線、面按部就班地、有條理地結合各種各類的圖形如線段、角、三角形、多邊形、圓等。同時較為複雜圖形的性質也被看作為它的簡單組成部份的性質和互相關係結合而成的。而解析幾何則是從整個座標平面或座標空間出發，所有在平面上或空間裏的圖形及其性質都已經隱閉地包含在座標平面或座標空間的定義之中。例如最基本的如距離、角的量度、平行概念、全等概念等都是座標和實數域裏的個別問題，都是被包含在表面上簡單的、實際上已經是包羅萬有的、極其複雜的座標平面或座標空間裏面。所以解析幾何的工作過程是從未知到已知，從繁到簡。在數學上這叫分析過程（analytic process），而代數的工作過程也正是這個分析過程。例如在代數，我們從比較複雜的實際現象出發，經過整理，找出問題的主要矛盾，然後將問題數學化，寫出含有未知量的方程式，依照代數方法解方程式，得出未知量的值，最後還要驗算，討論數學的解答能不能提供原來實際現象的答案。分析過程和綜合過程恰好走著相反方向；不論在自然科學、工業技術、數學，以至社會科學，甚至日常生活的問題，這兩種工作方法是相輔相成，缺一不足的。無可否認的是，適當的歐氏幾何是在中學教程唯一可以提供綜合過程的科目。缺少了它會引至嚴重的偏向，為了負擔起訓練學生思考能力的重任，中學數學教程不宜全部取消歐氏幾何。“取而代之"的方法，只解決技術問題，解決不了有更深意義的教育問題。

變換派

變換派採納了德國數學家 Felix Klein 的觀點，認為幾何性質只是在某類變換（transformations）下幾何圖形的不變性質（invariants）。這觀點在數學發展過程起了很大的作用，依照這個觀點，各門各類的幾何都可以通過變換群（transformation groups）清楚地分辨出來，而且它們的互相關係也可以用群論方法得以深入説明。這對已經有相當幾何知識的數學家是有重大意義的，不過對幫助中學生學習幾何卻沒有多大好處。十多年來，變換派還是叫口號的人多，實際工作的人少，所以連零碎的教材也沒有出現過。

應用派

應用派認為數學教育的最終目的還是應用到生產或科技上面，所以和應用拉不上關係的課題就要加以限制。原則上，這基本上是正確的。但是在執行這項原則，計劃具體教程時侯，往往產生把原則絕對化的危險，中了教條主義的毒。在幾何教程上絕對化了的應用主義更帶來很多困難。因為真真正正有直接應用價值，而不需要通過別的沒有直接應用價值的東西而學得到的幾何學，恐怕少之又少。除了一些直觀的簡單的事例之外，還可以勉強拉得上關係的只有畫法幾何（descriptive geometry）。這樣怎能學得成幾何？所以在執行這項原則時一定要保持謹慎態度，保留很大的靈活性，因為限制並不等於消滅。"純幾何"的不受歡迎，就是因為它太抽象、太繁瑣了，在一定程度下加以約束是必要的，但是在適合地方介入應用問題，引用多一點生產、科技的應用例子作為學習動機也是必要的。

目前我們面臨著的幾何教程改革問題，歸根到底還是怎樣處理有限度地保留在教程裏的歐氏幾何的問題。對這個問題各派都提供了值得重視的見解，但也有應該批評的地方。正確的態度是不必拘泥於某一種理論，某一個主觀，從整個數學教程著眼，重新檢討幾何的教育意義。

原文刊於《中學幾何教學研討會記錄》，大學畢業同學會，1977年3月。

4 香港中學數學課程的回顧與前瞻

梁鑑添

前年香港教育當局公佈了一個初級中學數學暫定課程之後，數十間中學尚未有充分的準備，沒有適當的教材，馬上開始試用。在剛過去了的兩個學年裏，低年級數學的教學因此引起了一些混亂。今年四月底當局又公佈了一項承接著初中暫定課程的高中課程草案。草案未公佈之前，很多教師已略有所聞，粗略地知道了草案的綱領，感覺到很不能同意。草案公佈的那天，在座的三百多位數學教師反應非常激烈；事後數天，報章上也刊登了他們的一部份意見。大致上他們認為草案的設計草率，缺乏系統性，和初中各個課程不相銜接；內容艱深、偏僻，不適合一般程度的學生。因此情況更加混亂。大多數教師面對一大堆的"課程"感到有點迷茫，而當局亦忙於修改草案，一時未能盡力為他們解疑。筆者就個人所聞對目前的教學情況作一個評述，從三方面：過去、現在和將來提供一些資料和個人的淺見以供關心香港中等教育人士參考。

前十年的經驗

五十年代末期，美國的數學教學改革在中小學裏產生了一個前所未見的震蕩。震蕩的餘波或早或遲伸延到世界各地。一部份敏感的教育家在香港受到了這震蕩餘波的感應，在六十年代初響應了英國改革家的呼籲，全盤吸入了英國流行的一項教程，連同它的課本，經過了一些表面修改以適應本地情況，引進了“新數”。在極短時間內，“新數”獲得了當局的推薦，便在香港流行起來，據估計在幾年間，香港的數十萬中學生已有八成左右學習這種“新數”。但是這些數字並不表示了這項教育改革的成功，相反地，這些數字指出了“新數”在短期內已造成了一個尾大不掉的形勢，使往後的修正工作遇到很大的困難。

重新檢討一下當年的情況，不但可以加深對教學問題的認識，而且可以減少重複以往的錯誤的危險。在回顧這段歷史當中，筆者認為最值得注意的有三點：（一）“新數”的數學內容；（二）“舊數”的保留價值；（三）“新數”的推廣過程。前兩點可作教程選擇和評定的參考，後者指出面對不合理課程採取消極、被動態度的危險。

“新數”的數學內容

這十多年來積累了的教學經驗使極大多數教師都知道了：“新數”並不新，“新數”並不全是數學。（著名的美國 School Mathematics Study Group 的縮寫 SMSG 被人讀成 Some Mathematics, Some Garbage — 一些數學、一些垃圾：這美式幽默表露了一些美國教師對“新數”的不滿情緒。）在香港流行的“新數”大都是取材於英國的 School Mathematics Project（SMP）。SMP的寫作組的確包括了英國中學數學教師的精英。他們的寫作態度非常認真，所收集的材料也十分豐富，在這兩方面遠超目前在香港流行的“新數”課本可比的。不過去年在西德舉行的第三屆國際數學教育大會中，一位SMP的發言人公開承認了SMP各套課本的失敗，並且宣佈了他們正在組織新班子，研究新的教育路線，謀求補救的方法。其實這並不是SMP獨有的厄運，衹不過，香港作為英國的文化附庸地區，SMP在此地確實產生很不良的影響，和大量的後遺症。

在去年的國際數學教育會議中，大多數與會人士認為“新數”是失敗了，意見上未能統一的地方恐怕衹在失敗的程度問題。比較中肯的看法是以為“新數”的錯誤根源於對數學本身和數學教育的謬誤觀點。從這些觀點出發，“新數”往往把形式代替了實質；以表示方式取代了數學內容；將枝節當作主幹；重空談而輕操練；把不著實際的理論和概念放在第一位而疏忽了數學的實踐和應用；結果將初級數學裝扮成一門近於虛無、難以觸摸的學問。很多與會的教師也感覺到與“新數”應運而生的許多教育理論和教育心理學同樣地造成了思想上的混亂，他們認為數學教育的首要目的應該是傳授基本數學的科學精神和方法，使學生能靈活地應用到認識自然世界和人類杜會的現象去。

“舊數”的保留價值

在“新數”的弊端開始顯明的同時，“舊數”回潮的想法馬上有了市場。過去十多年來，在香港的中學裏，我們看到有不同程度的“以舊補新”，“以新補舊”，或不同階段的“新頭舊尾”，甚至“形舊實新”或“形新實舊”的種種怪現象。這些現象都指出了，六十年代的改革沒有正確地處理“舊數”的保留價值問題。

“新數”之所以大行其道，當然指出了“舊數”本身停滯過久和失去了時效。在“新數”還未出現之前，很多教師就已經感覺“舊數”課程的繁重。絕大多數的中學生在數學一科裏花費的時間最多而成績又是最差。從任何角度觀看，“舊數”課程實在包括了過量的太難、太偏僻、沒有應用價值、加上缺乏教育意義的教材。在課程安排上，“舊數”也分類過繁、過嚴謹，造成數學各門涇渭分明。學習的重點則偏於運算技巧，模仿例題，養成學生死背公式，不求理解。數學方法也枯燥無味，加上缺乏啟發性的活動，使學生失去學習的興趣。

六十年代的改革沒有好好地對症下藥，把舊教材、舊方法加以整理，草率地否定了“舊數”的價值。其實“舊數”的問題不是它的數學內容有問題，而主要是在教學安排上、在份量上、在各部門的比重上、在學習方法上應該有所革新。六十年代對綜合幾何的處理方法便是一個很好的例子。合理的處理方法是應該把舊幾何的教材改善使它和初等數學各部門有所連繫，易於學習，但又不損失其特殊性和獨立價值，但是六十年代的改革沒有在這方面下過工夫，反而把綜合幾何排除在課程之外。

"新數"的推廣過程

一般意見認為六十年代的改革進行得太快和範圍太大。在改革初期，大多數的教師沒有充分的專業準備和心理準備，急急上馬，所以得不到預期的效果。學生家長更不清楚新課程的意義、它的水平及要求，他們也全不熟悉課程內容，所以學生在學校和家裏都得不到幫助。"新數"經過了很短的試用便定了型，而改革的領導人物也很快被捲入"新"與"舊"的激烈爭論。為了要鞏固陣地，他們在聽取善意的批評，和在逐步修改的工作方面做得非常不足。隨著，"新""舊"之爭從純學術、純教育的爭論轉變成為商業的競爭，因此合理的修改遇到更大的困難。上述的是六十年代各地的改革大致過程，香港也不例外。但是改革進展的速度和涉及的範圍是因地區而不同的，這大都和當地的教育政策有關。在香港，改革的初期是獲得當局的積極支持的，值得慶幸的是當局沒有積極地排除舊課程，所以長期共存著兩個中學課程和兩個中學會考考試內容綱要。通過多數在職教師的努力，經過多年的逐步修改，"新數"的會考內容綱要已經和差不多保持了原形的"舊數"會考內容綱要相當接近了。主管會考的委員會已經原則上同意了把兩個考試內容合併的建議，取消"新數"和"舊數"的區分。在這方面，香港在正確的路線上比許多地區走先了一步。 這是香港數學教師可以自豪的。

目前的情況

近年來世界各地都感覺到"新數"已經完成了它的歷史任務，迫切地希望再來一次堅穩的改革。話雖如此，但是各地的進一步改革也遭遇著不同程度的阻力，並不是一帆風順的事。

在香港，政府為了推行所謂九年資助教育計劃，在三年前開始重新釐訂各科的課程。一份名為暫定初級中學數學課程建議已在前年公佈，並且已在數十間中學試用。這份建議是暫時性的，因為它還要經過各學校試用後有所修改的。根據教育當局所宣佈的日程，最早要在後年才能定型。而且在它的前言和提要中指出，這份暫定課程不能被視為清規戒律，應該被看成極具伸縮性的建議，教師們可以並且應該視各校的具體情況，在這廣闊的範圍之內，作出各種的具體教程的。奇怪的是最近在市面出現的、根據這暫定課程編寫的幾套課本不但沒有利用這項公佈了的原則，而二十多位作者還不約而同或有約而同地寫出了目錄相同、內容相同、幾乎可以說差不多同構（isomorphic）的課本，這肯定是一個不健康的現象。

其實在制定這項暫定課程的工作小組的成員中，在職的中學教師只佔絕少數，整個工作小組的構成也缺乏代表性，更費解的是在小組裏竟然有課本的編寫人員存在而且擔任著領導的角色。作為一個指引改革和制定課程的官方團體，這個工作小組的組織不能算是健全的。在今年四月底，這個工作小組非正式地公佈了一項承接著初中暫定課程的高中課程草案。這項草案受到大部份香港數學教師的非議，一般的意見認為高中和初中的課程有嚴重的脱節，草案過份地依賴計算機，沒有照顧到中學其他學科對數學的要求，並且內容過專、過僻，缺乏基本理論和基本應用的訓練。這項帶有強烈冒險性的課程草案，假若不經大幅度的更改，和不照顧教師的反應，不經他們的參與、孤意獨行，必然會引起一次空前的教育危機。

展望

六十年代的改革，事出倉猝，大多數的教師沒有準備，也沒參與。七十年代的改革卻具有較多的有利條件。現在大多數的教師都關心改革，而且有信心把事情辦好。六十年代大多數教師的教學經驗和理論認識不出一些英式、美式、或中式的舊教材之外；他們看不清楚改革的方向，所以在課程改革的工作只能處於被動，或觀望，不能主動地參與。七十年代情況已大有轉變，他們的教學經驗和理論認識都豐富了，而且在逐步修改"新數"課程的工作上起了決定性的作用。總的來説，改革的這一個回合是事有可為的。在這個比較有利情勢之下值得注意的是：

一、改革必須通過集體努力才能辦好。目前數學教師還缺乏一個有代表性的專業組織，所以集體討論、學習和經驗交流的機會還不多。

二、目前中學生面臨的功課和考試壓力是相當沉重的。作為中學課程裏的一個主要學科，數學課程一定要精簡。但是精簡並不是把程度降低，而是要把數學學得更好，教得更好。

三、數學課程一方面要有本身的完整性，另一方面也要兼顧其他學科的需要。但我們不應誤解這個原則，以為課程裏必須包括很多互不相關的實用公式，或計算方法。數學的基本訓練是在於培養學生靈活地應用數學的科學方法，使他們更具備條件去認識自然現象和人類社會的問題。

四、前幾年有不少教師對學生的學業要求和自己的專業要求有一些鬆弛的跡象。"讀書無用論"在香港還有它的市場。這是一個極不健康的現象。可以慶幸的是這個問題已經受到大部份教師的注意，看來在共同努力之下是可以扭轉過來的。

五、長期受忽略了的綜合幾何教學問題看來一定要有合理的解決辦法。幾何學不單是一個獨立學科，使學生能認識物體的形狀及形狀的性質，幾何的思維方法（或所謂幾何觀）也是關連到整個數學課程的一個關鍵，缺乏了它課程會變成支離破碎的。

六、概率和統計學在中學的教學法是應該特別受到關注的。目前世界各地對怎樣學習這兩門學問還沒有一套比較完善的方法，而且在這方面的教學經驗不多，看來這是一項長期而艱苦的工作。

原文刊於《抖擻》，22，1977年7月，35–38頁。

5 評論近二十年來中學數學課程改革

梁鑑添

五十年代末期，美國爆發了熱烈的中小學數學教學改革運動，在很短時間之內，大半個世界的學校、課程、教學法，以至數以億計的學生、家長、教師、行政人員一起捲進了運動的漩渦。雖然它的熱潮在幾年之後已經冷卻，運動也從此沉靜了下來，但是在二十年後的今日我們還感覺到這次改革運動的餘波，人們還在克服它留下來的各種後遺症。

教學改革是一項長期的，甚至應該説是永久的事業，它不能長久地停留在一個階段之上。教學總應該根據當時、當地的客觀環境不斷地進行刷新和改良，教學事業才能進展。以今日的觀點評論過去的改革運動是為了吸取經驗，避免錯誤，做好教學工作，把改革再推前一步。

談論過去二十年的數學教學改革，其實就是要講新數的產生，它的主要特徵，它的推廣和最後衰落。但新數究竟是甚麼一回事呢？經過了二十年的濫用，新數這個名詞的意義變得十分模糊了。很多中小學數學課程裏面的課題，例如集、二進數的運算、群論、等等，個別地都被稱為新數。而較為具有系統性的個別課程，例如美國的SMSG和英國的SMP，整體地是新數。推而廣之，凡是通過增補新教材和剔除部份舊教材，重新整理過的數學課程和它的組成部份，只要它具有某種新的觀點或表揚某種新的教育目標都被稱為新數。

那麼，導致這些改革的原因是甚麼？新數是怎樣推廣的？新數的性質和內容是甚麼？這些都是我們要討論的問題。

新數興起的社會背景

第二次世界大戰結束以來，人們往往不知不覺地以科學技術的成就來衡量社會的進步水平。當然這是一個片面的量度方法，而且也不是有識之士所願意採用的唯一方法，但是我們不得不承認這是大眾心理的一個傾向。因為數學本來就是一切科學技術的基礎理論和必要的工具，而本世紀以來在科學技術的空前發展中又作出了舉足輕重的貢獻，所以數學一科在普及教育和高等教育的體制裏面都佔有一個相當重要的地位。因此我們不難理解，當一個國家突然發現它的科技水平落後於一個原先比自己落後的國家的時候，政府和人民對數學教學改革的要求是如何地殷切了。

基於這種想法，許多人認為美國在美蘇太空競賽第一回合的失敗是產生社會壓力，要求教學改革的原因。我們還不會忘記，五十年代剛開始，美國和蘇聯便傾力以赴地進行太空競賽，看誰能首先發射第一顆人造衛星。結果蘇聯獲得了第一回合的勝利，在1957年10月4日成功把一顆人造衛星放入軌道。而美國要到次年2月1日才能完成這個比賽項目。對西方，尤其對美國來說，這是非常丟臉的事情，社會上立刻出現了強烈的反應。在充滿著自我懷疑和自卑的氣氛之下，美國人染上了一場科學落後的恐懼症。人們感覺到有加速發展科技事業的必要。為了訓練更多更好的科技從業人員，進行科技教育的改革也就事不宜遲了。在美國政府大力資助下，幾個頗具規模的數學課程改革計劃先後草擬起來。隨著新數的誕生，西歐各國也建立了相類似的改革組織和美國互相呼應。在很短時間裏，新數成了一道不可抗拒的洪流，沖向世界各地。除了東歐集團各國，中國大陸和另外一些國家以外，大部份地方都先後受到這道洪流的衝擊，清洗一些長期累積下來的惡習，帶動了革新大輪，但不幸地也做成了一些災禍。

假若人造衛星Sputnik是導致數學教學改革的唯一因素，那麼廿年前的數學課程改革運動很可能要朝向不同的方向推進，而新課程也不一定是今日我們所熟識的新數。因為依照常理推測，假若Sputnik真是改革的唯一原因，改革的成果應該是一些和科技應用更為對口的課程，或是一些能迅速地、更有效地訓練各級科技人才的課程，但新數卻不是這樣。因此我們認為除了上述的從外而內，因Sputnik而產生的社會壓力以外，還有其他更具有決定性的因素，導致新數的成長。我們可把Sputnik看成是引起改革的近因，但同時亦提議討論兩個重要的遠因。這兩個因素是學生人口的膨脹和中學數學課程與大學課程的脱節。

第二次世界大戰結束以後，和平帶來了繁榮，生產迅速地發展。隨著生產技術水平的上升，對勞動者的文化水平要求也相應地提高；不僅在工業、農業是這樣，在新興的工商管理和服務行業這個現象更為顯著。發達國家中學畢業程度漸漸成為在社會生存的最低文化水平，因此人民對接受教育的要求也隨著更加強烈了，做成中學和大學的學生人口急劇膨脹。學生人口增長，中學教育和大學教育也從為少數人服務的精英式教育漸漸轉變成為大多數人服務的普及式教育。以往為少數高智能學童而設計的和作為大學課程基礎的舊中學數學課程，在這個新形勢之下就顯得非常不合實際了。其實舊課程裏已經有很多個別課題，對經過精挑細選的高材生也是十分困難的東西。例如平面幾何的九點圓和Simson線，以及其他不勝枚舉的各類難題都不是一般程度中學生能力所及的，這些題目衹能適用於一些重點中學，給數學能力最高和求知欲最強的優等生作為補充教材而已。對急劇膨脹了的學生人口中的大多數，那些只具有一般或較低能力的學童來説這實在是高不可攀的。從另一個角度看，學生人數的增長也引起中學教育的性質和宗旨的轉變，中等教育漸漸減輕了在通才教育方面所擔負的任務，而負起了相當大部份的職業訓練任務。從這個觀點審察，我們發覺舊課程也有相當大量的教材，這些教材雖然難度不高，但和學生的未來職業沒有密切關係的。例如低年級的一些數論的課題，或高年級的大部份的圓錐曲線的教材；只有極少數中學生能在深入學習這些課題之後對他們將來的工作獲得直接或間接的好處。所以為了適應學生人口的增長，舊課程不得不進行大幅度的改革。

假如再沒有其他因素，當年的改革運動也不一定會導致新數的產生，最低限度也不至做成新數"一花獨放"的局面。為了提高科學、技術和生產水平，另一方面又要適應學生人口增長後學童學習能力的大幅度差異，和又要符合各種職業訓練的要求，理論上最合理的解決方法是推行多課程制度，為不同類型的學校和不同學習能力的學童提供不同的數學課程，這樣可以有效地達到因人施教和培養人材的目的。在這樣一個多課程制度之下，新數、舊數和其他的各種各樣的課程都可以容納起來，在不同的崗位上作出貢獻。

對這次數學教學改革最有影響力的因素是上面説過的第三個因素：大學數學課程和中學數學課程的嚴重脱節。這個脱節並非朝夕之間產生的現象，而是因為長期忽略所做成的。近代數學研究繼承了上世紀末期在基礎研究上所獲得的突破，突飛猛進地發展。新的現象不斷湧現，新穎的理論層出不窮，這生動地表明：數學研究具有巨大的生命力，像長江大河，源遠流長，波濤洶湧，呼嘯向前。

美國在數學研究上沒有像歐洲一樣的長遠歷史，但在這個世紀卻作出了極大的貢獻。尤其自三十年代以來，隨著歐洲政治局勢的轉變，使大量的人材從大西洋的東岸流到大西洋的西岸去，引起數學研究事業空前的蓬勃。經過廿多年的經營，到了五十年代末期在數學研究方面已經佔了優勢，美國高等教育已趕超了歐洲並且還有很大的發展潛力。大學裏已經開始實行了現代的數學課程，數學本科學生在進入大學之後馬上接受一個嚴謹的現代數學基本訓練，首先熟習了集合論的數學語言，繼而通過這個語言學習各門抽象數學。這樣的一個大學數學課程把長久沒有改革過的中學數學程度遠遠地抛在後面，使方興未艾的大學數學教育和長期受忽視了的中小學數學教育更覺脱節，使兩者之間的距離達到了不可溝通的地步。除此之外，又因為大學生人口也增長了，大多數的大學數學教授對新生的數學程度很不滿意，因此對舊課程提出嚴厲的批評，要求把現代數學的內容、方法和精神注入中學數學裏面。他們認為這是協調大學課程與中學課程和縮短兩者之間的距離的唯一途徑。在當時的中學教師隊伍裏面願意接納這項建議的也大不乏人，尤其在比較年青的教師之中，這個號召數學課程現代化的口號是特別動聽的。他們對現代數學比較熟識，因為他們也是大學新課程的受益者；比之前一輩的教師，他們對數學也有較為全面和較為廣闊的認識，所以他們也最能感覺到舊課程的陳舊，發現一些具體的教學困難，和一些應該改善的地方。

受到各方面壓力的推動，美國的數學教學改革很順利地開展起來。在大學數學教授和中學數學教師共同努力之下，全國在五十年代末期實行了幾個頗具規模的教學試驗。規模、組織和影響力最大的當推全國性的 School Mathematics Study Group 簡稱 SMSG。他們調動了罕見的人力和物力，在短短的幾年內制訂了從幼兒院到大學預科各年級的、適合不同程度學生的和不同類型學校的課程。SMSG編寫了課本、教師手冊、教師進修讀本、學生用的課外書籍等，幾乎達一百種之多。這些SMSG課本也成為了後來十多年來世界各地很多課本的藍圖。除此之外，這個組織還長期開辦了很多或長或短的教師進修班、家長學習班，介紹新課程，並且還通過各種公眾媒介對新課程廣事宣傳。

緊隨著美國，歐美各國的改革運動也活躍起來，到了六十年代世界各地出現了大量的新課程和新課本。除了上述的 SMSG 外，英國的 School Mathematics Project 簡稱 SMP 也具有一定的影響力。雖然 SMP 所出版的書籍是以課本為主，並且數量也不大，但是因為英聯邦各國的政治和教育關係，SMP 在亞洲和非洲的國家裏產生了很大的推動力，直接影響到這些國家的改革運動的方向。例如在六十年代香港所推行的新課程就是完全以 SMP 作藍圖、稍加修改的方案。雖然這個課程經過十多年的整理、刪改，已經面目全非，但是SMP的教育哲學在香港仍然沒有失去它的影響力。這些在世界各地先後出現的新課程和新課本，和它們所代表的教育理論都被稱為“現代數學”、“新數學”或“新數”，而傳統式的課程和課本則概括地被稱為“舊數”。至於這些名稱是否適當，我們稍後再加批評。

新數對舊數的批評

上面説過，新數的一個主要目標是盡量消除中學數學課程與大學數學課程日益嚴重的脱節現象，所以從學術觀點討論新數以及新數與舊數的基本差異，我們得先從大學數學教育的一般情況著手。

自從三十年代開始，隨著現代抽象代數研究的發展，高等數學起了一個基本的變化，從一個以數學分析為主導的和較為偏重運算技巧的課程，開始朝向代數化轉變。到了五十年代，大學數學課程不單只已包括了很多以前沒有的抽象代數，而且課程裏的數學分析也受到現代代數的影響有了基本的改革：以往忽略了的基本概念，例如空間的拓撲性質和分析與代數的關係等等受到了應有的重視；除了局部分析方法以外也兼顧到全局分析方法；除了運算技巧以外也強調了概念的認識。高等數學課程的純數學部份增加了抽象代數和拓撲學等及與其有關的各學科；課程的應用數學部分的變化就更大了。以往一般數學專業學生至多只學一些理論力學作為向量分析和微分力程的應用，現在也要兼學計算數學、概率、統計學和其他一些邊緣學科。概括地説，五十年代的課程是一個多樣化的，有系統的和高水平的課程。不論在深度和闊度這個課程都比四十年代的課程有所改進，並且也較為適合當時社會和各種專門職業的需要。

一個停滯了數十年的舊中學課程和一個革新了的大學課程顯然不能銜接起來。以當時的教育觀點進來審察，舊數的主要弱點和急需改革的地方最少有下列五點：

一、舊數課程過份強調運算技巧，不大講究理解，嚴重地疏忽了數學的概念。最受忽略的概念，例如有初中階段的數的概念，和高中階段的函數概念和一切有關函數的運算和這些運算的意義。因此做成學生只知其然，不知其所以然。數學學習退化成為死記公式、模仿例題的工作。學生從不知道也不關心數學所搞的是甚麼，更不清楚他們到底為甚麼要學習數學。

二、舊課程的幾個主要部分互不相關：三角和幾何全不相涉；幾何方面的知識不曾應用到代數方面去；各個主要部分又由繁多的互相不呼應的課題所組成，學習了一個課題時忘記了以前辛辛苦苦地才學上手的另一個課題。數學本來是中學課程裏最富有系統性和內部聯系的科目，卻變成為最繁瑣的，由各個片段拼湊而成的科目。這個普遍現象是不利於提高學習效率和幫助學生對數學獲得一個比較整體性的認識的。

三、作為訓練學生思維能力的歐氏幾何更不倫不類：既不公理化，也不是直觀式。舊幾何失去了公理化的嚴謹工整的完善性，但是也沒有得到直觀幾何的一些直截了當的方便。學生領略不到歐氏幾何的精神，掌握不到它的方法：他們在花費了大量精力之後得不到應有的滿足感覺。對教師來說，教舊幾何從來就是吃力不討好的苦差事。

四、除了四則運算之外，舊數好像完全不能應用到日常生活，或學生的工作和學習裏去。雖然部分課題仍然是學習自然科學的必須工具，但可惜這些課題的次序和安排往往不能與自然科學的次序和安排互相銜接，這些課題的深度或是它們施教重點往往也不能滿足其他科目的需要。因此數學作為工具科也沒有達到所期望的效果。其實舊數課程裏面的相當大部分內容連在學習數學的本位工作上也不具有太高的應用價值。我們很難能想像，例如繁雜的三角恆等式，像符號遊戲一般的分式化簡，和學過了不久就會忘記的高次方程的一般解法等課題將會是學生在學習數學的常用工具。

五、舊數的言語不只缺乏準確性而且是非常枯燥難明的。這也是直接地影響到學習效率的重要因素。學生也因此不能有效地掌握一些基本技能，把複雜的問題化為簡單的問題，和把具體問題通過數學語言轉化成為數學問題去處理。數學課本和數學語言也有密切的關連的，大多數的舊課本好像不是寫給學生閱讀的書籍，而只是提供習作題目的工作本。在舊數通行時期，學生既無閱讀數學書籍的興趣，也沒有這個必要。對大多數學生而言，學習數學只是為了應付考試、升級和畢業，閱讀是花費時間、於事無補的工夫。

這五點都被認為是急須解決的數學教學問題，這些現象的存在是非常不利於培養科技人材、適應學生人口增長，和縮短大學與中學之間的數學差距的。

新數提出的辦法

新數的推行者在診斷了舊數的病症之後，怎樣對症下藥呢？當然在如恆河沙數的新數課程、新數課本和新數教育學術論文之中，各家師各法，各有自己的特徵，各有自己的配方。我們只能在其中就最主流的，最具有影響力的課程，概括地提出一些比較重要的共通點，加以分析。

主流的新數改革家首先認為中學數學也應該如大學數學一般使用一種精密、準確和統一的語言。精密和準確的語言可以起一些清瀉的作用，清除在舊數裏數之不盡的、有欠準確的、模稜兩可的説話，減輕學生的學習困難。統一的語言可以起結合作用，把支離破碎的舊課程有機地聯系起來，這個過程有點像在分數加減的通分工序。

在高等數學裏集合論的數學語言正好是這樣一種的精密、準確和統一的語言。新數的推行者認為假若中等數學也使用集合論的語言，那麼它可以同樣地產生清瀉和結合的作用。同時集合論也可以作為一道橋樑，負起溝通中等數學和高等數學的任務。所以集合論肯定是有百利而無一害的特效藥。這特效藥也需要數理邏輯作為輔助劑才能發揮效力。不過在五十年代末期集合論和數理邏輯還是大學課程裏兩項新引進的課題，要把這兩個課題安置到初中一年級的課程裏，一定先要照顧到學生的吸取能力和克服教師的恐懼心理以及因此而產生的抗拒性。經過大幅度的刪改、簡化、日常化、庸俗化，改革家成功地把集合論和數理邏輯修改為低年級中學生能力所及的科目。幸運地大多數的低年級教師在初次接觸到這新教材之後倒感覺得新鮮有趣，沒表示過大的抗拒性，而且說得上"一見鍾情"的也大有人在。

有了數理邏輯的鞏固基礎，以往難於解釋清楚的問題也可以有條理地、有說服力地講清楚了。例如怎樣正確地使用等號：$x = y$ 是甚麼呢？現在可以解說成，符號 x 和 y 都是同一個事物的兩個不同的名稱，正如一個人有幾個名字一樣。從邏輯學觀點分別清楚事物和它的名稱還可以應用到初級數學教學上。例如怎樣清楚地判別數（number）和數字（numeral）兩件事：數字是數的名稱而不是數本身。也就是說數字 3、$\sqrt{9}$、21/7和III只不過是正整數三的不同名稱，但在本質上它們都與正整數三有別，這好像"張三"只是張三其人的名字而不是張三其人。"張三"其名是由漢字"張"和"三"所組成的一個專有名詞，但是張三其人就不可能由兩漢字所組成，他有五官、四肢、肉體、思想等等：張三是一個人而不是一個專有名詞。

集合論和邏輯也可以有利地應用到初等代數上。讓我們看看方程概念是怎樣引入的。在邏輯學裏，每一個稱為命題的句子都有一個真假值。例如北京是中國的首都，這命題的真假值是真；香港在北京之北，這命題的真假值是假。代數學的方程是一個句子而不是一個命題，因為對一個方程來說真假值是沒有意義的。例如方程 $2x = 4$，它沒有真假值，因為說它是真或假都沒有意義。方程在邏輯學上是一個命題函數，或一個包含著等號的開命題（open statement）。重新看看例題 $2x = 4$。這個開命題的真假值是決定於變數 x 的值：如果 x 是2則其真假值是真，因為2乘2等於4；如果 x 是3則其真假值是假，因2乘3等於6，不等於4。作為一個開命題，每個方程擁有一個真集。這個真集亦即是由所有使該開命題成為真命題的 x 值所組成的集。一個方程的真集也稱為它的解集。例如方程 $x^2-1 = 0$ 的解集是由兩個數 1 和 -1 所組成的集。舊數說"解某方程"，其實應該說"在某個數系統裏求某方程的解集"。當然新表示法"在實數系統裏求方程 $x^2 + 1 = 0$的解集"比舊表示法"解方程 $x^2 + 1 = 0$"清楚而且準確。其次當我們依照舊數方法說$2x = 4$的解是 $x = 2$的時候，難免有點以方程解方程之嫌：但是當我們說$2x = 4$的解集是$\{2\}$的時候，就絕對不引起誤會了。

通過集合論的語言，幾何圖形很自然地成為平面的點集，平行線是平面上兩條交集為空集的直線，角是兩個半平面的交集。幾何學的全等關係和相似關係也是等價關係的特別例子。

當然集合論和邏輯的功用並不只在把舊數說得不太清楚的東西說清楚，它們的最主要用途還是作為中等數學公理化的工具，為中等數學公理化創造先決條件。這固然是為了縮短高等數學和中等數學的差距，把後者帶上前者在十多年前已經走上了的公理化道路去。純數學的公理化是本世紀以來這門科學的特徵，這項非常艱苦的工作從上世紀已經開始，走過很多的崎嶇和曲折的道路才達到今日的地步。中等數學的公理化和嚴謹化受到很多客觀條件所限制更不是一件輕鬆的工作。

讓我們先看看新數推行者怎樣處理歐氏平面幾何。在舊數課程裏各部分之中幾何是最嚴謹和公理化的一門，但是其中差強人意的地方還很多：傳統的教學法沒有把公理、定理、定義的區別交待清楚；一些幾何性質未經嚴謹的推理引出便當作定理應用在演繹別的定理上；一些應該是公理的幾何性質沒有被清楚地作為公理看待；直線和實數的關係竟然被完全忽視了。對謀求嚴謹公理化的改革家來說這些草率現象是不能容忍的。

為了達到嚴謹公理化，必須建立一個歐氏幾何的公理體系。這樣一個體系應該包含一些基本概念（例如點、直線、接合關係、相間關係、全等關係等），以及一系列有關這些基本概念，被稱為公理的性質。（例如兩點之間通過一直線；兩三角形滿足SAS條件則全等；直線上三點，其中一點在另兩點之間等。）從這樣一個體系出發，平面幾何上任何一個定義都可通過其中的基本概念直接或間接描述，任何一條定理都可以從其中的公理直接或間接演繹出來。對這樣的一個公理體系還有一些邏輯上的標準要求，例如其中的公理不能互相矛盾；各公理不能從其他公理引導出來；在不損害平面幾何完整性前提之下也不容許抽出任何一條公理。平面幾何的公理化工作從歐基里得開始，到上世紀末年，經過了二千多年的努力才由德國數學大師David Hilbert總其成地提出了一個完整的幾何公理體系。現在我們可以從學習他的經典著作*Die Grundlagen der Geometrie*領會得到這項工作的艱巨、它的重要性以及成果。但是Hilbert的公理體系是不容易移植到中學課程裏去的。

為了消除舊幾何課程的缺點，和讓中學生能及時領會現代公理化數學的精神，改革家經過一番努力制定了一個比較有條理並且適用於中學課程的幾何公理體系。這個相當龐大的公理體系也出現在SMSG的一套幾何課本之中，從此中學生可以學習嚴謹的公理化幾何了。但是大多數的改革家認為，這樣一個由近三十條公理所組成的體系對初學幾何的中學生並不實際。在動用這些公理時還必須經過相當大量的邏輯操作才能證明一些簡易的定理，這樣會將授課時間延長而且太多的初步操作也不能提起學生的學習興趣。所以很多改革家提出一套背道而馳的辦法，他們主張，既然舊幾何有缺漏，而實際上在中等數學水平上歐氏幾何的嚴謹公理化也行不通，就寧要沒有歐氏幾何的數學課程，也不要有不完善的歐氏幾何的數學課程。這個較激進的觀點最終得到大多數改革家的同意，所以在絕大多數的新數課程裏再沒有舊幾何痕跡，幾何只佔次要的地位，學生只用直觀方法，遊戲活動和解析幾何學習一些最簡單的幾何知識。改革家並不認為這樣低貶了幾何會損害了數學教育宗旨，因為在他們的心目中，歐氏幾何作為訓練學生思維能力的教材已經被數理邏輯、集合論、和抽象代數所取代了，而幾何知識也可以通過直觀幾何和解析幾何學習得到，所以歐氏幾何在中等數學課程完全沒有保留價值。

改革家認為代數跟幾何一樣也應該公理化和系統化。他們指出在舊數體制之下學生只知道怎樣計算，但不知道為甚麼可以進行這樣計算，也不知道在哪一個範圍之內可以進行哪些計算，更不知道這些計算得遵守哪一些法則。結果絕大多數的中學畢業生永遠不能分清楚整數、有理數、無理數、實數的區別。要彌補這些缺陷，學生必須以代數結構的理論作指導，學習各常用數系統的特性，例如實數系統是一個域，整數系統是一個環，然後又以這些數系統作為例子學習群、環、域等代數結構的理論。改革家認為現代代數學的工作是研究各種代數結構以及找尋在這些結構中各種運算的結果。學生早一天掌握代數結構的理論，他們也能早一天體會到現代代數學的精神。所以改革家都把這些抽象代數的課題放在低年級課程裏。雖然他們也承認，學生開始時不容易接受這些抽象的東西，但是他們樂觀地相信，這些困難可以通過有趣的教材解決的。這些教材包括了非十進位數字的運算、模算術、矢量代數和矩陣等。

另一點值得一談的是函數概念在新課程的地位。在舊數體制之下，學生不容易掌握這個概念，以至大部分畢業生不能區別函數和方程的意義。改革家認為其原因在於舊課程沒有適當的語言描述函數概念，也沒有提供足夠的實際例子和函數的處理力法，方便學生鞏固這個概念。新數課程的優越點就在於能夠利用集合論語言，較輕易地説明函數的一般定義：函數是影射（mapping），而影射則是一種特殊的集際關係（relation between sets）。集際關係的定義可以用最初步的集合論語言描述：一個集 A 和一個集 B 的關係 R 是定義為三個集 A，B 和 G 所組成的序列（A，B，G），在這裏集 G 是笛卡兒積 A x B 的子集。作為一個影射，集際關係 R 還需要滿足一個簡單條件：對每個 A 的元素 a，存在唯一的一個 B 的元素 b，使（a，b）屬於 G。在數學或日常生活裏都有很多影射的例子，所以改革家認為，他們有相當豐富而且適當的教材，幫助學生掌握這個在數學上極之重要的課題；這個定義看來比較抽象，但仍然是中學生能力所及的。至於函數與方程的異同，就完全不成問題了，因為函數是一個如上述的集際關係，而方程是開命題；兩種截然不同的東西。改革家在介紹了函數概念之後，就可以著手引進初等數學分析，並且把高年級的微積分課程加以修改，現代化，使它盡量接近大學課程。

新課程對解析幾何也作出了一些革新的措施，首先把平面座標的應用和有關直線的幾何從高中課程劃入初中課程。平面座標應用到學習笛卡兒積、影射和函數的圖示法去，直線解析幾何在學習初等代數也可以產生很大的輔助作用。大致上新課程還保留著舊體制解析幾何的大部分，但這些教材不再集中在某一年的課程裏，而是分佈到各年級課程去，而且學習解析幾何的時間也提早了幾年。解析幾何在新課程也佔了一個比較重要的地位：一方面它代替了被刪掉了或削弱了的歐氏幾何，成為學習幾何的主要教材；另一方面它也是學習代數和各種函數的主要工具。通過座標和解析幾何穿針引線的工作，課程三個最主要的部分，代數、幾何和分析就有機地聯繫起來，增強了課程的統一性，打破了舊數的各部分互不相關的現象。這是完全符合現代數學精神的革新措施。

三角在舊數體制下是一個相當重要的獨立部分。改革家把它分作兩份：一份歸納在幾何裏作為幾何圖形的量度問題，這一份主要是三角比例的應用；另一份歸納在分析裏，討論三角函數的特性。改革家們也很合理地刪掉了太複雜和太麻煩而且沒有應用價值的三角方程和三角恆等式。這樣不只精簡了三角學課程，並且加強了初等函數學習，為將來學習微積分的學生提供了一個較穩固的基礎。

改革運動的一個主要目標是加強數學課程的應用價值，但是這不是一個容易的工作項目。改革家感覺到，在原有基礎上提高純數學部分的應用價值是非常困難的，所以他們把注意力集中到移植高等課程裏的應用數學的工作上，如從統計學裏把有關數據處理的各種圖示法，和一些計算平均和誤差的方法移植到中學課程裏去。在舊課程已有的概率教材也加以集合論語言的整理和適量的補充，這樣可以加強學生對偶然現象的認識。流圖和網絡是比較有趣而且容易學習的材料，所以這些具有廣泛應用的課題也是移植的對象。個別課程也引進了一些計算程序，作為學生使用計算機的準備。這一系列的新課題不但提高了課程的應用價值，並且也給予新課程一個現代化的新面貌。

針對舊課程的枯燥無味，改革家提倡大力發展各種有趣的教學法，從課本的藝術設計到各種教具的製作和應用，以至活動電影的製作都受到他們的支持。在低年級他們還鼓勵通過遊戲學習數學，盡量使教學多姿多彩。

新數的推廣

新數運動首先在美國發起，獲得了政府和一些財雄勢大的基金會的大力支持，和各種公眾媒介如報紙、廣播電台、電視台的幫助，以及數學界權威人士的推薦，在很短時間之內已經發展成為一個廣大的社會性運動。到了六十年代初期，新數以絕對優勢壓倒了舊數，霸佔了中小學陣地。英國、西歐，繼而日本以至亞、非、拉國家都相繼出現了大致相同的局勢。一個學術性的教育改革運動能在幾年內發展成一道世界性的潮流，征服了半個地球，這不只是在教育範疇裏史無前例的事情，在整個文化範疇裏也算得是不常見的盛況。本文的第一分段分析了運動前夕的社會背景，討論了幾個導致新數產生的因素。新數的推廣工作也是這次教育改革運動值得重視的一環。現在世界各地數學教育界還在清除新數的一些後遺症，我們覺得比較全面地討論新數的歷史問題是有助於這項工作的順利進行。

最初新數是以教學實驗的姿態出現的，當時美國的幾個大規模的教學實驗方案都是以大學為策劃中心，制定教學大綱，編寫試教課本，訓練執行教師，組織學術研討會，評判實驗效果，和進行必要的修改。試點學校和策劃中心保持緊密聯絡，互通聲氣。主事人都把這一系列的工作看成一項長期的任務。試點學校的數目只允許逐漸增加，整個方案還要經過多次修改，有了初步的定論，才能把經驗全國推廣。可惜他們沒有預料到當時的局勢迅速地發展，引致原定的實驗方案沒有按部就班地進行，使本來是漸進式的教學改革演變成一場急劇的教學革命。導致這個演變的原因和演變過程都非常複雜，這有待有識之士深入探討。以下只就筆者淺見提出一些未必正確的推測。

“新數學”和“現代數學”都是富有吸引力的名詞。尤其在我們生活中的消費者社會裏，“新”和“現代”是具有一種難以解釋的迷人魅力。人們不自覺地嚮往新產品、新刺激、新潮流。人們不自覺地沾染上或多或少的貪新厭舊的習慣。對長期受商業廣告宣傳所教育和薰陶的人，新數的“新”像一輛款式新穎、機械現代化、氣派豪華、駕駛容易、座位舒適的簇新汽車；舊數的“舊”好比是一輛殘破、古老、快要只剩下廢鐵價值的老爺車。基於這種消費者心理社會上出現了一種以教新數、學新數、擁護新數為光榮，以教舊數、學舊數、為舊數辯護為羞恥的風氣。

大眾心理再加上另一個原因助長了新數的推廣。這第二個原因是，當時除了人們所熟識和厭惡的舊數以及人們所嚮往但陌生的新數以外，對於急於需要作出決定的教師、家長、教育官員再沒有第三個選擇。這兩者之間，人們很自然地傾向於新數。況且推行新數的先驅人士和各個實驗方案所提出的改革目標和具體辦法，對在職教師、學校和教育當局的行政人員來説都是言之成理，值得嘗試的改革。當他們中間的大多數都贊同了新數的時候，實驗範圍就遠遠超出了策劃人的預算了。

假如上述兩項是導致改革運動量變的主要原因，那麼導致改革運動質變的原因是甚麼呢？試點學校突然大幅度增加當然可能產生一定的混亂現象，但是策劃中心和工作人員也可以相應地增加。工作程序也可以修改，實驗方案還可以循序進行。筆者推測，教育改革的商業價值可能是導致質變的主要因素。一個由億萬中小學生所組成的世界性消費市場不論在任何角度看都是不容忽視的，敏感的資本家馬上認清了課程改革在這個市場的商業價值。這一點可能也是改革家中的一些理想主義者所預料不及的。為了爭奪這個已經烘得火熱的市場，大大小小的書商都招兵買馬，組織編寫班子，以實驗方案的試教本為根據，經過刪改，加上醒目的美術設計、精美的釘裝，大量地推出新數課本，一時之間真是琳瑯滿目。他們也使出混身解數，巴結地方教育當局和校長，務求他們的課本獲得接納。因為利之所在，大批的機會主義者也就應運而生，乘機抓權，從中取利以至混水摸魚。廣大的教師和家長群眾，出於改革理想的熱忱，一方面受蒙蔽，另一方面也因為缺乏鑒別能力，沒有及時察覺到往下發展的危機，做成教育事業一場空前的大災難。實驗方案策劃中心的秀才們當然不是商場大老闆的敵手，一下子全部計劃給沖散了，策劃中心解散者有之，名存實亡者有之，全部癱瘓了下來。數學教學改革的大好前景給斷送了，這是一件令人非常惋惜的事情。

對新數的批評

雖然新數在這二十多年獲得了很多人的贊同，但亦受到了不少人的反對，尤其在六十年代末期以後、在很多國家新數沒有得到人們所期望的成效，反對的人也大大地增多了。贊成者如 J. Dieudonné 和 E.G. Begle 等和反對者如 M. Kline，R. Thom，J.M. Hammersley 等也曾針鋒相對地展開論戰（請參看 [1–7]）。

本文的第二和第三節已概括地介紹過贊成者的論點，讓我們在本節看看反對者的意見。因為篇幅關係我們不能把很多針對個別課題或個別教學法的批評提出來討論，雖然這些批評對比較全面地認識新數還是必要兼顧的資料。筆者認為最重要的還是針對新數的理論基礎和教育觀點的批評。

首先談談新數的反對者對集合論在中學數學課程的批評。無可否認集合論在高等數學裏起了語言簡潔化、問題統一化、處理過程經濟化等等的作用。因此集合論是數學研究上不可缺少的工作語言，它在近代數學發展也作出了很大的貢獻。這是因為高等數學情況複雜，材料豐富並且日益增加，問題種類繁多，工作過程冗長等原因，才有借助於集合論的必要。反之，在互相比較之下，中等數學的範圍是狹窄的，問題種類不多，工作過程很短，所以在這個水平之上，只要稍加小心留意就可以用一般的語言進行工作和學習了。其實中等數學裏常見的集都是平面上的點集或實數軸上的點集，對這些簡單而容易想像和理解的集，用一般語言描述或用普通圖象表示已經非常足夠了，無需開動龐大和笨重的集合論機器（大砲打蒼蠅不是殺蟲的好辦法吧！）。把集合論強加諸中等數學，不只收不到相應的效果，反而會弄巧反拙。

在實際施教時，集合論和邏輯也給學生和教師一些不容易克服的困難。要達到改革家的目標，使中學生學會和能夠運用集合論語言，這些課題的授課時間大概少不了半個學期。但是集合論和邏輯並不是很生動有趣的題材，學生很快就會感覺到，整天填寫命題的真假值表，繪畫溫氏圖，以及和括號、字母打交道都是煩悶和淡而無味的工作。老師也無法說明這些抽象的符號遊戲和奇怪的術語到底有甚麼意義，他們也無法提供較為有趣或富有挑戰性的練習題目以提高學生的學習興趣和鞏固學生的知識。所以實際上這些教材比起舊數的四則運算題更缺乏學習動機，更生硬，完全是光靠強記不求理解的操練。

新數的反對派還指出，不論教甚麼語言，它的嚴謹和準確程度必須和學生的接受能力互相協調才能生效。例如對初學一種外語的人教師在語法規則上也不作過於苛刻的要求。新數的反對者認為作為數學語言的集合論，它的嚴謹程度超出了低年級學生的接受能力和知識水平，是不宜放在初中課程裏的。這二十年的教學經驗證實了他們的意見是有理的。絕大多數的中學生經過多年的反覆學習還不能把集合論的語言準確地應用到數學上。大多數的學生也不能分別清楚一些外型相似但意義不同的符號；例空集$\varnothing$和以空集作為其唯一元素的單元集$\{\varnothing\}$；又例如由元素 a 和 b 所組成的集$\{a, b\}$和以 a 和 b 為分量的序偶（a，b）。對比較複雜的概念，例如影射和函數等，學生的吸取效果就更低了。大學教授也遇到一個奇怪的現象：如果把新生分成兩類，第一類是經過多年新數訓練的學生，第二類是在中學從未接觸過集合論的學生，他們發現，第二類學生在學習適用於高等數學的集合論的時候反覺更易上手，而第一類學生卻先要作出很大的努力去克服一些習以為常的錯誤才能有進步。這和初學外語時習慣了不正確的發音和語法的人很有相同，他們都有永不能學好的危險。因為集合論是貫通著整個新數課程的基本材料（很多對新數不大瞭解的人常常以為新數就是集合論），而集合論也是新數課程最早的課題，所以集合論在教學實踐上不過關造成對新數一個致命的打擊。

集合論當然是新數的一個重要環節，但是從理論基礎的角度來看，它只是一套為達成中等數學嚴謹化和公理化的改革目標的工具，所以有關這個改革目標的批評應該是更重要的一環。新數的反對派說，正如人的胚胎長成是人類進化過程的一個縮影，人的認識學習過程也是人類思想和文化發展過程的一個縮影，而且兩者的段落次序還是大致相同的。數學的發展是從直觀認識開始，經過必要的實際試驗，反覆推敲，長期的經驗累積，又從個別現象的認識到一般性現象的認識，從鬆懈到嚴格，從混亂到規律的發現，從具體到抽象，經過漫長的歲月才發展到我們所認識的現代嚴謹化和公理化的純數學。數學家的工作過程也大致上相類似，他們在處理一個新問題的時候，開始還是主要依靠直觀感覺，那時候思想錯綜複雜，經過一連串的反覆嘗試和驗證，漸漸摸索到問題的主要關鍵，又反覆地加以整理，僥倖的話得到一個初步的推測，最後的一個步驟才是通過邏輯推理方法從公理和定義出發嚴謹地檢驗這個初步推測是否正確，然後加以肯定或揚棄。這個步驟在整個過程中是最缺乏創造性的一環，雖然無可否認它還是必要而且重要的一環。

新數的批評者覺得新數課程好像在思想上給嚴謹性纏死了，好像著上了公理迷一樣：各個課題以至整個課題都要從始到終符合一定的嚴謹和公理化的要求。這是違反自然規律和倒行逆施的辦法。他們還指出，這個辦法不只在理論上不正確，並且在實際施教時也行不通。中學綜合歐氏平面幾何的公理化就是一個例子。

批評家還指出新數對嚴謹性也有錯誤的理解，首先不應該把嚴謹性絕對化起來。嚴謹性本身是沒有絕對標準的，嚴謹性的標準不只因人或因事而異，而且也有時間性的。很多前人認為是"嚴謹"的東西，今日被認為是"草率"；現在"嚴謹"的東西也不能是永久地"嚴謹"的。批評者覺得，對待課程和課題的嚴謹性必須採取靈活和寬大的態度。固然一定限度的嚴謹在任何水平的數學教學和數學工作上是必要的（數學也得使用一定份量的消毒劑，保持一定的衛生水平），但是過份地強調，就會束縛了數學的生機和扼殺了學生的想像力。（為了消滅皮膚上的一些細菌，人們沒有整天浸在消毒池裏過活的必要吧！）

新數的批評者對課程的幾個主要部分，幾何、代數、分析、應用數學等也有一些褒貶參半的意見。新數就平面幾何的處理提供了兩個方向相反的辦法，其一是盡量嚴格地公理化，其二是刪掉歐氏幾何，代之以直觀幾何和解析幾何。批評者覺得第一個辦法所需要的龐大幾何公理體系活像一個肥胖的小腳婦人：光看樣子她雍容爾雅和端莊可愛，但是一走起路來就不行了。這樣的一個幾何課程只能滿足了教育家中的唯美主義者的夙願，不是學生實際學習的依據。

批評者認為第二個辦法必然地引至整個數學課程失去應有的平衡。因為在結構上歐氏幾何是一個綜合思想過程的體現

（所以也稱為綜合幾何），這個過程是從簡單到複雜：從簡單如點與線的圖形結合而成無窮無盡的複雜幾何圖形；從已知到未知：從圖形的組成部分的已知性質決定組合圖形的未知性質。解析幾何是一個分析思想過程的體現，這個過程相反地是從未知到已知，從複雜到簡單。平面解析幾何的出發點是整個座標平面，在這裏面已經隱蔽地包含著所有無窮無盡的幾何圖形以及這些圖形的未知性質。解析幾何的工作也就是從這個包羅萬有的幾何寶庫細心地找尋個別的幾何性質。雖然綜合幾何和解析幾何同樣是幾何，但是兩者是截然不同的思想和工作過程的體現。這兩種方向相反的思想過程不只出現在數學上，而且也普遍地存在於人類的各個思想領域，和應用到人類每天的實際工作上。我們知道，在中學各科課程之中只有歐氏幾何能夠有系統地提供一點綜合思想過程的訓練，其他各門各類大多偏重於分析方面，不能作為這項訓練的材料。徹底地執行"打倒歐家店"好像是自動地把兩條完全健康的腿砍掉了一條。

新數課程中的代數是受形式主義影響最深的一門，所以在代數課程裏也充滿著不少過份嚴謹，牽強地公理化的教材。本文第三節已經列舉了有關方程處理辦法和各種代數結構作為典型的形式主義泛濫的例子。針對這些措施，新數的反對派作出了與上述對集合論和嚴謹性的批評相類似的譴責。

新數課程的另一個常用手法是移植大學數學課題，而代數也是融納最多這些教材的一門。批評者認為，隨著時代進展漸漸提高學術程度，把適當教材有計劃地從大學移植到中學是應該受到鼓勵的，但是他們指出，新數課程在代數方面的移植工作在份量和質量上都超過了合理的界限，以至在教學實踐上產生了嚴重的不良後果。學生花了很多寶貴的時間學習這些課題，而只學到了一大堆空洞的術語。他們只矇矇矓矓地，似是而非地知道有一些所謂群、環、域的東西，有一些所謂可換律、結合律的法則。在美國流行過很多笑話，諷刺當時的新數學，其中一個是這樣的：

老師問："瑪莉，二加三是甚麼？"
瑪莉答："二加三是五"
老師說："不對！約翰，你說吧。"

約翰答："二加三等於三加二。"

老師説："對了！為甚麼是這樣呢？"

眾生齊答："因為整數的加法服從可換律！"

除了集合論和抽象代數以外，新移植教材還有很多，例如布爾代數、拓撲學、線性規劃、矩陣、和各式變換等，都是大學教學課程裏堂皇的項目。但是移植效果並不使人滿意，主要是因為中學生的數學經驗不足，視野不夠廣闊，和吸收能力有限等原因，他們不能消化這些生硬的移植品。結果他們只能接觸到這些課題的皮毛部分沒有達到實質部分，他們只吸收了一些糟粕，例如空洞的術語，遺留了所有的數學精華。批評者更深入一步指出，比費時失事還要嚴重的後果是混亂了學生的思想，使他們對現代數學產生了一個極錯誤的見解，以為現代數學也就是這樣模稜兩可，無聊無用的東西，和扼殺了他們將來學習數學的興趣。

綜合以上討論，筆者意見認為，這些主要毛病的根源是在於形式主義不加限制地在數學教學的體現。所以也可以説，新數的"禍根"是一個教育哲學和數學觀點問題。筆者也相信，假如當年的改革運動真正能夠按照原定宗旨和原定計劃進行，這些缺點都可以經過商量和研究克服過來的，新數課程和課本也可以經過反覆試用和修改達到理想的地步。

新數批評者並不只是挑剔新數的缺點，他們也公允地表揚過新數的優點。最值得推崇的是，新數課程適量地引進了統計學和概率論的比較淺易而有用的材料。因為選材適當所以沒有引起消化不良作用，這項合理移植是成功的。批評者還指出，課程有了這兩個項目，學生學習數學除了認識必然現象以外也有機會學習一點偶然現象的處理方法。從這個角度看，課程包括了這兩門科學不只在數學教育上有一定意義而且還有思想教育的意義。

在新數課程裏函數概念佔有應有的重要地位，起了一定的作用，它把課程裏的一些重要課題串連起來。這一點也是受到批評者所賞識的，雖然他們未必同意那些生硬的，以形式集合論語言引進的手法。新數課程也能夠配合了提早引入的平面座標應用，比較有系統地和完整地展開幾個常用初等函數（多項式函數、三角函數、指數函數和對數函數）的學習。這是有利於學生對整個課程內容，尤其是數學分析部分，獲得整體的認識。在舊數體制下解析幾何和三角都是分別地作為獨立科目集中處理施教的，新數成功地把它們的各個主要組成部分廣泛地分佈到課程的適當地方去，加強了課程的整體性。這個處理辦法也是值得將來的教學改革者參考的。

在改革運動間所提倡的新教學法研究、課本的生動設計、教具的廣泛使用，這樣增加學生習興趣和提高教學效果的措施也得到批評者的一致推崇。總括地說，批評者認為，新數的這些很多的具體優點很可惜不能彌補錯誤的教育哲學和數學觀點所造成的缺陷。

新數的餘波

在本文第四節我們敍述了新數的推廣情況和對改革運動的質變原因作出了一些推測，這些事情都是發生在五十年代和六十年代，正當新數以排山倒海的攻勢向舊數撲擊，獲得幾乎全面勝利的時候。可是舊數沒有因此全部崩潰下來，世界各地還有不少學校和教師自始至終沿用著舊數課程。到了六十年代末和七十年代初，局勢有了顯著的轉變，新數的進攻已到了強弩之末的地步，而負隅頑抗的舊數則開始不斷地蠶食新數的陣地，出現了舊數回潮。這是因為社會上出現了一些對新數推廣十分不利的現象，使對新數的批評受到重視，使很多人發覺到聲勢洶湧的新數並沒有帶來所期望的效果，而明顯地已經走上歧途。

現象之一是，越來越多中學教師不滿意新課程的教學效果，並且對以前曾感覺新鮮有趣的課題產生增惡，認為那些都是空洞無聊的東西。大學教師在接觸過多批新數課程畢業生之後對移植大學課程的成績也表示懷疑，甚至提出強烈的反對。新數的推行者也因此失去了有力的盟友。

現象之二是，廣大的學生家長面對著完全陌生的新數感覺十分迷惑；當大多數在社會上稍有地位而且具有大學教育程度的家長也不能輔導他們的子弟學習時候，新數的信譽也隨著低降。新數也因此失去了社會的支持。

現象之三是，在很多國家同時出現了中、小學教育水平全面大幅度低降的現象。很多中學畢業生連在拼音還有不少問題，更不能寫出一篇通順達意的短文；他們在語文方面成了“半文盲”。也有很多畢業生沒有真正掌握整數、分數、小數和百分率的四則運算，在數學方面成了“半數盲”。很自然地教育家也把部分責任推到新數課程身上。

受到多方面的攻擊，新數從此一蹶不振。但是面對這個嚴重的局勢，社會上並沒有出現當年那種對數學教學改革的熱烈要求，已經癱瘓了的教改組織也不能再振作起來。這是因為沒有Sputnik的威脅？還是人們對教改失去了信心呢？

既然沒有大組織的和大規模的改革運動出現，個別學校和教師只有另求補救的力法；一部分學校乾脆放棄了新數回復到舊數體系去。更多的學校採取了以“舊”補“新”的措施；這是以新數課本為主要教材，省略了一些課題和適量地補充一些舊數的材料。比較吃香的補品是代數的運算技術問題。還有一些學校和教師採取了程度不同的以“新”補“舊”的辦法。於是很多不倫不類的“半新不舊”或“半舊不新”的數學課程和課本也就應運而生。其實要把“新”和“舊”的教材有連貫性地安排在同一個課程或同一套課本裏，光靠往來新舊兩者之間生硬地移植課題和加插材料是辦不到的。這些只能是針對上述第一、二現象的權宜之計和緩衝辦法，並沒有解決新數的基本問題。

針對日益下降的數學能力水平，前幾年在美國有人提出了"Back to basics"的口號。他們的意思是，當前最緊急和最重要的任務是保證每一個中學生都能夠在一定程度上掌握一些基本數學知識和技能，並且知道怎樣使用數學到具體問題上。這個建議獲得了社會和教育界的支持，漸漸地發展成為一個國際性的運動。（請參看[8–10]）

不論把“Back to basics”在字面上理解為“返回基本數學去”、“返璞歸真”、“重振基本數學”，或消極一點作為“退到最後一道防線去”，這個運動的口號是明確的，但可惜它的具體意義和執行辦法卻是非常模糊。美國全國數學監察員議事會（National Council of Supervisors of Mathematics）在1975年認為基本數學技能（Basic Mathematics Skills）包括十個主要項目：

一、解答在陌生情況之下所產生的數學問題。
二、應用數學知識到日常生活裏。
三、審察所得到的答案是否合理。
四、估計數量、長度、距離、重量等的近似值。
五、進行整數、小數、分數和百分率的四則運算。
六、認識簡單幾何圖形的性質。
七、以公制和英制量度各種分量。
八、製作和理解簡單圖表。
九、認識概率在預測偶然事件發生的用途。
十、認識計算機在社會上的各種用途，並且知道計算機所能做到的和所不能做到的事情。

相信大多數人都會同意這十個項目的一般意義，但是同意這些廣泛原則和作出一個基本技能的定義，制定一個具體教學方案，以及草擬一個測驗試卷仍有一個很長的距離。倒底基本的標準是甚麼呢？怎樣測定學生的程度呢？誰來評定這個水平呢？最後界線究竟在甚麼地方呢？這些問題都要有了解答，工作才能有意義地和順利地展開。不過這些問題可能會引起無休無止的爭論，但是真正要找尋出一個明確的和受大多數人接納的答案就不容易了。面對著一大堆新數的後遺症、教育程度的下降、教育費用的高漲、社會能不能耐心地等候著專家們在大辯論後作出的總結和提供的改革方案呢？在極不耐煩和接近絕望的時候會不會再來一次"急病亂求醫"呢？但願不至這樣。

後記

在這多事的二十多年，數學教學改革運動經過了活躍而具有革命性的第一階段和從事於修補、整頓工作的第二階段，最後進入半靜止而充滿著失落感的第三階段。八十年代開始了，但是改革運動仍然滯留在第三階段之中，沒有復甦的跡象。本文在

第一節敍述了二十多年前的社會背景和數學教學的普遍現象，假如這是大致上符合當年的實際情況的話，那麼二十多年的改革運動只不過暫時緩和了也曾一度十分緊張的局勢，並沒有徹底解決問題。對當時提出的三個任務：盡快培養科技人才、應付學生人口膨脹、縮短大學數學和中學數學之間的距離，教學改革只完成了第一個但沒有完成第二個和第三個任務。但是因為新數的出現，改革運動也帶來很多新問題：比較具體的，例如綜合幾何在中學課程的地位和集合論在中學課程的作用；比較理論性的，例如形式主義及有關的教育哲學問題。這些都是教育界所關心的並且希望早日獲得澄清的事情。除此之外，近來出現的問題也要有適當的對策；中學生的數學能力水平和學習興趣的低降就是這些新生問題之中比較顯著的兩個。前者在第六節已經介紹過了，後者的出現也使人對數學教學前景擔憂，它的產生原因和補救辦法不只是數學教學的研究課題，也是社會學的研究課題。

近年的工業技術發展對數學教學也提出了一個很大的挑戰，這是計算機（電腦）和手提計算器的普及所引起的數學教學問題。目前在很多國家計算器已到達每一個中學生的手裏，在不久將來小型或微型計算機也將會是一般中學能力所及的教具設備。怎樣有意義地使用這些數學工具？怎樣使這些工具有效地配合現行數學課程？這是兩個急待解決的問題。從反方向出發，數學課程怎樣革新才能適應大幅度提高了的計算技能呢？這個問題很可能是八十年代數學教學改革的最重要課題。

參考資料

[1] Begle, E.G. "Open Letter to the Mathematical Community." *The Mathematics Teacher* 59 (1966).

[2] Dieudonné J.A. "Should We Teach 'Modern' Mathematics?" *American Scientist* 61 (1973).
"新數學課程的爭議"。《抖擻》13 (1976).

[3] Fehr, H.F. "Sense and Nonsense in a Modern School Mathematics Program." *The American Teacher* Feb (1966).

[4] Hammersley, J.M. "On the Enfeeblement of Mathematical Skill by

'Modern Mathematics' and by Similar Soft Intellectual Trash in Schools and Universities." *Bulletin of the Institute of Mathematics and Its Applictions* Oct (1968).

[5] Kline, M. *Why Johny Can't Add.* Random House, 1973.

[6] Kline, M. "A Proposal for the High School Mathematical Curriculum." *The Mathematics Teacher* 59 (1966).

[7] Thom, R. " 'Modern Mathematics': An Educational and Philosophic Error?" *American Scientist* 59 (1971).
"新數學課程的爭議"。《抖擻》13 (1976).

[8] Taylor, R. "The Question of Minimum Competency as Viewed from the School." *The Mathematics Teacher* 71 (1978).

[9] Forbes, J. "Some Thoughts on 'Minimum Competency'." *The Mathematics Teacher* 71 (1978).

[10] Reys, R.E. and M.B. Kasten. "Changes Needed in the Current Direction of Minimal Competency Testing in Mathematics." *The Mathematics Teacher* 71 (1978).

原文刊於《抖擻》，38，1980年5月，64–75頁。

6 一門與數學發展史有關的課程

梁鑑添　蕭文強

在數學教學上最難於做到的一點（但也是很重要的一點），就是使學生瞭解：課本上所見的數學與在發展過程中的數學，可能有很大的分別。換句話説，正在"炮製"中的數學，和大致已臻完備的數學，是很不相同的，因為後者是前者在積年累月中經多人努力精研提煉後的成果。固然，我們並非提議學習數學要完全重復它的發展過程，這樣做不只從教學觀點而言是不智，而且也辦不到，誰人有那四五千年的時間呢？但是，假如我們只讓學生接觸那些體制完備、條理分明、邏輯嚴謹、敍述簡潔的"數學製成品"而不讓學生也認識它在發展過程中的來龍去脈，學生總會覺得那是從天上掉下來的東西。數學興趣較濃的學生，會因而感到不滿足，甚或由此減弱了對數學的興趣。數學興趣本就不濃的學生，更會感到這些理論與他們漠不相關，反正捉摸不到，為甚麼要理會它呢？就積極方面而言，懂一點數學發展史，不單只可以增加我們對數學的認識，不單只可以增加我們對個別課題的瞭解，甚至可以因而激發起我們對數學深入探討的靈感來。作一個譬喻，一件完善的工藝品可以給欣賞者一種難以言喻的樂趣，但是對一位成熟的工匠或者對一位在訓練中的學徒而言，它在製作過程中的不同的粗糙雛型是更具有啟發性的教育意義，甚至那些不成功或者已被拋棄的作品也可以作為藝術的靈感泉源。因此，在數學教學上適當地運用數學發展史的知識是有一定益處的。由此衍生出來的系理，就是一門與數學發展史有關的課在大學數學課程裏是有它一定的地位。關於前一點，已經有不少文章論及，我們也就不再一一複述它們的論點，有興趣的讀者可以參看有關的文章，例如[1–12]。關於後一點，也有不少文章介紹類似的經驗，例如[13–28]。這篇文章打算綜合地談談這些經驗，然後介紹一下我們在這方面的做法，並且作出一些建議，供有興趣的朋友作為參考。

數學發展史課程

在本節我們打算就著[13–28]的資料，概括地報導一些在世界各地大學所設的數學發展史課程。當然在文獻上我們沒有留意到的，或者根本沒有在文獻中報導過的同類課程恐怕還有很多，我們的報導一定掛一漏萬。而且我們手頭上的資料亦有限，還不足二十個課程，然而我們覺得其中的品種和類型也不少，相信也有一定的代表性。尤其在文獻中好像還沒有過這樣綜合地比較和報導這類課程，所以這個粗略的報導相信還有一些參考價值吧。首先讓我們縷列開辦這些課程的大學。

一、南斯拉夫的 University of Belgrade（簡稱 B，請參看 [28]）
二、美國的 University of Hartford（簡稱 H，請參看 [17]）
三、美國的 Loyola University（簡稱 L，請參看 [26]）
四、美國的 University of Miami（簡稱 M，請參看 [27]）
五、美國的 University of Nevada（簡稱 N，請參看 [16]）
六、英國的 Open University（簡稱 O，請參看 [19]、[25]）
七、加拿大的 University of Toronto（簡稱 T，請參看 [13]、[14]、[22]）
八、荷蘭的 University of Utrecht（簡稱 U，請參看 [15]、[23]、[24]）
九、美國的 Vassar College（簡稱 V，請參看 [18]）
十、澳大利亞的 University of Western Australia（簡稱 W，請參看 [20]）。

首先看看這十間大學的課程的共同或相近之處。它們大部份衹開辦一門數學發展史的課（例外的衹有 T 和 U 兩間）。因為教師人手方面和學生選修科目的種類和份量都有一定的限制，這個現象是不難理解的。又由於數學史的時間很長，內容的範圍很廣，涉及的科目很多，這些課程大部份都選擇數千年歷史中的某一些時間分段，或數學各部門中某幾個部門的發展史，甚至其中的某一些重要課題，或某幾個數學家的重大貢獻作為課程的主要處理對象（唯一的例外是 B 大學，在那裏開辦的課程類似一個編年史，逐個臚列數學從古到今的歷史事蹟）。至於上課的型式，我們也發現這些課程有共通的地方。它們都採用講授、討論、閱讀、學生的書面或口頭報告，或觀看電影等幾種方式。學生成績的評定方法，除了傳統式的筆試以外，還兼顧到學生在討論或作報告時的表現。就課程的學生對象而言，衹有 T、U，W 三間大學設有研究生級的數學史科目，而其中特別照顧數學史專業學生的亦衹有T和U兩間。在另一個極端，適合非數學本科大學生的數學史課衹有M和T兩間開辦。以上這些課程不歸下文探討之列，因為我們有興趣的是在 H、L、N、O、T、U、V 各大學適用於數學本科大學生的數學史課程。

這些課程對就讀學生的最低數學知識要求大致上不超出高等微積分和線性代數。T 和 U 大學的一些課程看來像是數學本科生的必修科，除此以外都像是選修科。

除了學生對象相同，這些課程的目的和含義也大致相同。它們企圖補救在數學教育中的一個漏洞，即是學生缺乏了對數學的產生和發展的認識。它們使學生多知道一些數學的本質和歷史、數學在人類文化發展中所負起的任務、它的社會作用和對科技發展的影響。有鑒於大學裏其他課程偏重於理論性的抽象數學課題，這些數學發展課程便擔負上一個教育任務，就是探求抽象數學的源流和解釋古典數學與近代數學之間的聯系。對未來的中學數學教師來説，這些課程還有另一個意義。無可否認，中學的初等數學與大學的高等數學之間，不論在內容上或觀點上，從來就存在著很大的隔閡。這個重要的教育問題一向頗受重視，例如Klein在本世紀初便在Göttingen大學為這類學生開辦了一系列的課，從高等數學觀點講述初等數學，使他們更好認識到初等數學的本質。最後還將課程講義整理成為著名的一套三冊的 *Elementarmathematik vom höheren Standpunkt aus* 。在本文所討論的那些課程也含有這種意義，可以看成是一道從大學數學通到中學數學的橋樑。

以上是十多個數學發展史課程大致上的共通點，但它們在教材選擇的方針、內容的安排、探討的廣度和深度各方面卻有顯著的不同之處。從這個角度觀察，它們各有自己獨特的地方，的確是十多個不同的課程。這個現象當然是和幾千年數學歷史的異常豐富的資料和它的浩瀚無際的範圍不能分離的。我們也相信這個人類文化的寶庫還蘊藏著用之不竭的奇珍異寶，有待數學教育工作者細心發掘。在參考這些課程的時候，我們也發現其中個別還逐年更換大部份甚至全部內容（見 [15、23]），當我們考慮到豐富的材料來源的時候，也不會感覺到驚奇了。

雖然課程在名稱上還帶有"歷史"的意味，如果我們細心觀察[13–28]這些文章描述的課程內容，便會發覺它們其實並不是刻板地陳述歷史事蹟的歷史課，而是具有與一般數學課不同的特別型式的數學課。所以擔任這類課程的教師不一定需要是數學史的專家。這是很有實際意義的，因為數學歷史專家是一種稀有的人材，並不是在每所大學都可以找到的，一般大學都不具備開辦正規數學史課程的先決條件。認識到這一點，缺乏數學史專家也就不能成為不開辦這類課程的藉口了。其次，因為這些不是歷史課，而是數學課，我們就可以依照就讀學生的教育需要和任教教師的學術專長進行策劃、設計，使它們真正達到輔導學生深入理解數學真義的教育目的。

一個選擇教材的方法是以時間分段作為取捨的準則。儘管這樣，在選定的時間分段裏面，課程也不能全面照顧到數學各部門的發展概況，所以往往不能避免在課程內容上對某一部門有所偏重。例如討論古希臘時代的數學發展的教材便較多集中在幾何方面而較少注意到數論方面。即使在幾何歷史也討論Euclid比較其他幾何學家如Apollonius為多。所以我們感覺，假若因為客觀條件所限制，在整個數學課程內祇允許開辦一門數學發展史課的情況下，以個別數學分支、或更精細一點以個別數學課題為選材的方針是比較容易突出課程的特色和使課程的眉目更明朗的。採取這個辦法，課程的策劃人還可以免除了時間分段的約束，比較自由地按照他的個人興趣和學術專長，從極其豐富的歷史中挑選教材。假若以後課程內容有更換的必要，這個方法也是極為方便的。我們知道，系內的人事變動往往會導致一些不太受重視的課程因為缺乏適當的人選而被迫停辦，數學發展史尤其容易受到這種威脅。採用這種選材方法可以減輕一些這方面的壓力，而且對接手擔任這個課程的教師也有很大的方便。

在介紹這些課程的文章裏[13–18]其中一些還報導了課程內容或列出了一些重要的課題。它們的內容很廣泛，幾乎接觸到數學的各個主要分支，它們的課題也很多，一共有數十個，所以不便在這裏一一臚列出來，有興趣的讀者可以參看這些文章。

教授數學發展史

在我們任教的數學系裏，學生可以選修一門與數學發展史有關的課，就叫做"數學發展史"（以下為簡便起見，我們把它的課程編號511作為名稱）。首先應該聲明一點，我們從來沒有把這門課看成是專為訓練數學史工作者而設的，因為在目前的情況底下，我們的培育重點並不在於數學史工作者。而且以系裏的現有條件，要這樣做也有困難，一來我們沒有這方面的專業人材，二來我們欠缺必須的原始文獻資料，甚至欠缺基於原始文獻資料的數學史專著或者期刊。不過，無論是否專為訓練數學史工作者而設，在設立這門課當中都要考慮上面提到的兩個問題：人手和文獻資料，不如就先來談談這兩點。

是否一定要數學史專家才可以教這樣的一門課呢？我們認為不一定，但我們認為教的人必須願意充實自己的數學史知識。[26]的作者說得好："我相信教師只需具備普通的數學史知識就可以開始教這門課，他可以參考一些這方面的權威著述及它們列舉之文獻。這樣繼續教下去，他本身的知識隨而增加，他對教好這門課的信心亦隨而加強。”我們認為只要教師肯定這門課的意義，有教好它的熱情，願意花時間多看參考文獻，便可以上馬，然後邊教邊學。說實在話，為了教這樣的一門課而下的工夫，使教師本人也會獲益不淺呢！

是否一定要擁有充足的文獻資料才可以教這樣的一門課呢？我們也認為不一定，但我們認為教的人必須設法擴充原有的文獻資料庫。作為起點，我們必須有一些數學史的一般著述（意思是指那些並非深入地討論某項專題的書籍），例如較淺易的：

- Boyer, C.B. *A History of Mathematics.* Wiley, 1968.
- Eves, H. *Introduction to the History of Mathematics,* 4th edition. Holt, Rinehart & Winston, 1976.
- Struik, D.J. *A Concise History of Mathematics,* 3rd edition. Dover, 1967.
- 李儼、杜石然。《中國古代數學簡史》。港版，商務印書館，1976。
- 梁宗巨。《世界數學史簡編》。遼寧人民出版社，1980。

以至較深入的：

- Bell, E.T. *Development of Mathematics,* 2nd edition. McGraw-Hill, 1945.
- Kline, M. *Mathematical Thought from Ancient to Modern Times.* Oxford University Press, 1972.
- Needham, J. *Science and Civilization in China,* Vol. 3. Cambridge University Press, 1959, Chapter 19.
- 錢寶琮。《中國數學史》。科學出版社，1964。

此外還要有一些漫談數學的普及性書籍，例如：

- Aleksandrov, D.A., et al. *Mathematics: Its Content, Methods, and Meaning,* Vols. 1–3. MIT Press, 1963. English translation.
- Courant, R. and H. Robbins. *What Is Mathematics?*, 4th edition. Oxford University Press, 1947.

- Klein, F. *Elementary Mathematics from an Advanced Standpoint.* Dover, 1945. English translation.
- Kline, M., ed. *Mathematics in the Modern World.* Freeman, 1968.
- Kline, M. *Mathematics in Western Culture.* Oxford University Press, 1972.
- LeLionnais, F., ed. *Great Currents of Mathematical Thought,* Vols. 1 and 2. Dover, 1971. English translation.
- Newman, J.R., ed. *The World of Mathematics,* Vols. 1–4. Simon & Schuster, 1956.

每所大學圖書館都必定購置幾套百科全書，雖然書裏的敍述不會深入，但很多時候在這門課上也能派用場的（特別值得介紹的一套是 *Encyclopaedia Britannica,* 15th edition, Macropaedia, 1974）。至於具代表性的數學史期刊（例如 *Archive for History of Exact Sciences*，*Historia Mathematica*），圖書館有訂閱當然好，沒有訂閱的話，只要我們經常留意一些常見的數學期刊，例如*American Mathematical Monthly*，*Mathematical Gazette*，*Mathematics Magazine*，*Bulletin of American Mathematical Society*，亦不時可以找到與數學發展史有關的文章。經濟條件許可的話，便應該逐步添置合用的數學史專著、期刊和一些原始文獻資料。關於這方面的書目，以下的書籍提供不少可供參考的意見：

- May, K.O., ed. *Bibliography and Research Manual of the History of Mathematics.* University of Toronto Press, 1973.
- Rogers, L.F. *Finding Out in the History of Mathematics.* Leapfroges, 1977.
- IREM. "Histoire des mathèmatiques et epistémologie." *Bulletin Inter IREM* No. 18 (1979).

同時，教師應該隨時著意找尋有關的文章和書籍，找到合用的便設法取回來。根據我們的經驗，平日留意一般期刊的有關文章，有機會往別處旅行的時候更要留意翻閱別處大學圖書館的期刊和書籍(尤其是那些在自己的大學圖書館裏找不到的數學史期刊),遇到合用的文章便抄下題目、作者姓名、地址和期刊數目,以便向作者索取抽印本或者利用各地圖書館的聯繫服務借取複印本。此外,有一個叫做International Study Group on History of Mathematics and Its Relation to Pedagogy的組織,是專為促進數學史的教學而設,有興趣者應該向他們索取進一步的資料(主持人是 L.F. Rogers, Digby Stuart College, Roehampton Institute of Higher Education, London SW1S 5PH, United Kingdom)。總而言之,沒有充足的文獻資料對於進行研究數學史顯然是一大障礙,但對於教授這樣的一門課卻不足以做成嚴重威脅,但看有心人!

現在,讓我們介紹一下511的上課情形。它是全年的課,約上課二十四個星期,每星期上課兩節,每節五十五分鐘。選修這門課是大二或大三的學生,都已經在大一修過高等微積分(其中大部份還兼修過大一的線性代數)。511的宗旨可以分為兩點:

一、除了使學生明白個別選講課題的發展經過以外,更希望通過這些選講課題的闡述使學生對數學有個整體認識,把它看成是人類文化的一部份,是人類集體智慧的累積結晶,是一們生機蓬勃的學科。

二、通過專題探討培養學生的獨立探討能力、書寫和口述的表達能力。

為了達到(二)這個目的,我們把學生分為若干小組,每組有三至四名成員,每組負責進行一項專題探討,題材範圍通常由我們提議。每組在學年開始的時候選定題目,我們給他們介紹一些參考書目,建議他們如何進行工作,並且鼓勵他們經常和我們討論進展。從學年中段起,每組依次把他們的工作成果向全班匯報,每人約講半小時,所以全年有三份一的上課時間是留給學生作匯報之用,另外那三份二才由我們主講。匯報的時候,我們鼓勵聽眾多發問、多提意見、多辯論,而負責該項專題的組員是有責任把這些意見和疑問收集起來,試行整理和解答,從而把專題探討工作做得更好。在學年結束之前,每組需要交一份書寫報告,闡述他們的工作成果。因大學規例所限，每門課必須有大考筆試，511亦無例外，不過我們覺得這樣的一門課是不應單憑一次考試來給分數的，尤應看重學生平日所花的工夫。因此511的計分辦法是把專題探討作為衡量學生成績的一個主要部份。以下是過去四年來學生做過的專題探討的部份例子：

· 古代希臘的三個著名幾何作圖問題；
· 從圓周率的計算看數學發展的經過；
· 計算和計算器具的歷史；
· Wilder 的數學演化論點；
· 數學史上無限小量的概念；
· 中國和印度的古代數學史；
·《歐幾里得原本》之卷一；
·《歐幾里得原本》之數論部份；
· Fermat 和 Descartes 的解析幾何；
· Poincaré 的非歐幾何模型。

至於511的課程內容（指由我們主講的部份），差不多每年都有或多或少的更改。我們對於怎樣處理這門課，還是在摸索中。即使在將來，這門課的內容仍然不會是定型的，也許唯其如此才符合"發展"這個字眼的含義！雖然已經有不少各地大學數學系的做法可供參考[13–28]，然而各地的客觀環境和資源條件不同，宗旨也各異，把任何一套做法完全照搬來用，不見得一定適當。不過，我們從別人的經驗中的確獲得不少啟發和幫助，例如[26]提供了一個可行的方案，[14、21、25]提供了不少合用的材料和參考文獻，尤其[25]為我們提供了一批數學發展史的電影，在教學上起了一定的作用。起初，我們採取的辦法，是講述從古代埃及、巴比倫、中國、希臘，以至十七世紀以後的西方數學的一般數學史。結果，我們發現這樣做有如走馬看花，浮光掠影，況且數學發展浩瀚無涯，即使走馬看花亦難窺"半"豹！因此，接著那年，我們把古代數學史縮為幾講，作為介紹性質，把十七至十八世紀西方數學史移作專題探討，由學生負責，而把主講部份集中用作討論兩項對數學發展有深遠影響的事件，就是非歐幾何和四元數的發展經過。接著那一年我們又稍作變更，把從古至今的數學一般發展史全部移作專題探討，由學生分組負責，而我們主講部份分為幾項選講：

一、實數系統的發展經過，由古代希臘數學家發現不可公度量數量講到十九世紀後期Weierstrass、Dedekind、Cantor諸人的工作；

二、代數學的發展，由古代解一次至二次方程講到十八和十九世紀Lagrange、Abel、Galois諸人的工作，還有Hamilton發現四元數的經過及其影響；

三、非歐幾何的誕生，由《歐幾里得原本》講到十九世紀Gauss、Bolyai、Lobachevsky諸人的工作。

去年，我們又換了一個新形式，以幾何學為主題，環繞看著這主題講述了實數系統的發展經過、非歐幾何的誕生及其影響、公理化系統之演變等。同時，配合的七項專題探討，也是與幾何學的發展有關。經過這幾年的教學實驗，我們覺得有些課題是不妨每年都放在課程內容，而且這門課很適合給未來的數學教師選修。但要這樣辦，選修的人數便會由目前的十二至二十增加至三十至四十，於是專題探討變成不易進行。我們嘗試在這學年再一次改變511的形式，課程內容包括實數系統、非歐幾何、公理化系統、集合論等等的發展經過及其數學內容（大致有如 H. Eves and C.V. Newsom, *An Introduction to the Foundations and Fundamental Concepts of Mathematics*, Holt, Rinehart & Winston, 1958 的敍述範圍），另外輔以Polya鼓吹的有關解答數學問題的思考方法的討論（例如G. Polya, *How to Solve It*, 2nd edition, Princeton University Press, 1957 的內容）。以前留給學生用作匯報的時間便部份拿來在課堂上集體討論一些解答問題的例子。當然，我們事前需要把一些問題交給學生先想想，代替了專題探討的功課。雖然前面説過，因時間和人數的限制，不宜進行專題探討，但條件許可的話，每人還是要選定一項數學史方面的題材，準備一個短短的報告，既要口述也要書寫。如果仍然有時間，便添加一些指定的文章或者書本上某些章節，讓學生閱讀後在課堂上展開討論。

結語

最近本文的筆者在參加兩次國際數學會議中發覺，目前很多數學教育家對數學發展史這一類課程似乎還沒有給予適當的重視，甚至對它們存著偏見和誤解，或者以為非數學史專家不能擔當這樣的課，或者以為它們是不值一提的，膚淺的，學生容易合格的課（所謂 soft option）。本文旨在介紹一些國外情況和本地的教學經驗，希望有助於這類課程的推廣。

參考資料

[1] Grabiner, J.V. "The Mathematician, the Historian, and the History of Mathematics." *Historia Mathematica* 2 (1975), pp. 439–447.

[2] Grattan-Guinness, I. "Not From Nowhere: History and Philosophy Behind Mathematical Education." *Intern. J. Math. Educ. Sci. Technol.* 4 (1973), pp. 421–453.

[3] Grattan-Guinness, I. "On the Relevance of the History of Mathematics to Mathematical Education." *Intern. J. Math. Educ. Sci. Technol.* 9 (1978), pp. 275–285.

[4] Jones, P.S. "The History of Mathematics as a Teaching Tool." *NCTM 21st Yearbook,* 1969, pp. 1–17.

[5] Kline, M. "Logic Versus Pedagogy." *Amer. Math. Monthly* 77 (1970), pp. 264–282.

[6] Ore, O. "Mathematics for Students of the Humanities." *Amer. Math. Monthly* 51 (1944), pp. 453–458.

[7] Seltman, M. and P.E.J. Seltman. "Growth Process and Formal Logic: Comments on History and Mathematics Regarded as Combined Educational Tools." *Intern. J. Math. Educ. Sci. Technol.* 9 (1978), pp. 15–29.

[8] Siu, F.K. and M.K. Siu. "History of Mathematics and Its Relation to Mathematical Education." *Intern. J. Math. Educ. Sci. Technol.* 10 (1979), pp. 561–567.

[9] 蕭文強。"數學發展史給我們的啟發"。《抖擻》17 (1976)，46–53頁。

[10] 蕭文強。《為甚麼要學習數學？》。學生時代出版社，1978。

[11] Weil, A. "History of Mathematics: Why and How." *Proc. Intern. Cong. Math. at Helsinki,* 1978, pp. 227–236.

[12] Wilder, R.L. "History in the Mathematics Curriculum: Its Status, Quality and Function." *Amer. Math. Monthly* 79 (1972), pp. 479–495.

[13] Barbeau, E.J. "A Course on the Development of Analysis." *Amer. Math. Monthly* 83 (1976), pp. 42–43.

[14] Barbeau, E.J. Lecture notes at University of Toronto. (Not published.)

[15] Bos, H.J.M. "History of Mathematics in the Mathematics Curriculum at Utrecht University." *Historia Mathematica* 3 (1976), pp. 473–476.
[16] Bowman, H. and M.A. Goldberg. "Mathematics History: A Unifying Device in the Teaching of Mathematics." *Amer. Math. Monthly* 83 (1976), pp. 651–653.
[17] Eisenberg, S.M. "Another Approach to a History of Mathematics Course for Undergraduates." *Historia Mathematica* 7 (1980), pp. 82–83.
[18] Feroe, J.A. "Hilbert at Vassar: An Undergraduate Seminar." *Amer. Math. Monthly* 85 (1978), pp. 669–672.
[19] Flegg, G. and J.S.A. Nicolson. *Leverhulme Research Project on History of Mathematics.* Department of Mathematics, The Open University, Milton Keynes, 1978.
[20] Grattan-Guinness, I. "A History of Mathematics Course for Teachers." *Historia Mathematica* 4 (1977), pp. 341–343.
[21] Kletzing, D. "Crises in Mathematics." Lecture notes at Stetson University. (Not published.)
[22] May, K.O. "History in the Mathematics Curriculum." *Amer. Math. Monthly* 81 (1974), pp. 899–901.
[23] Monna, A.F. "Experiences with Lectures on the History of Mathematics in Utrecht." *Amer. Math. Monthly* 80 (1973), pp. 803–806.
[24] Monna, A.F. "A Course 'Background of School Mathematics' at the University of Utrecht, the Netherlands." *Amer. Math. Monthly* 83 (1976), pp. 809–811.
[25] Open University. History of Mathematics Course Units AM289 (Course Team Chairman: G. Flegg). Department of Mathematics, The Open University, Milton Keynes, 1974–76.
[26] Reisel, R.B. "History of Mathematics: A Course Teachable by a Non-historian." *Amer. Math. Monthly* 85 (1978), pp. 270–271.
[27] Siu, M.K. "Mathematics for Math-haters." *Intern. J. Math. Educ. Sci. Technol.* 8 (1977), pp. 17–21.
[28] Stipanic, E. "History and Philosophy of Mathematics as a Subject of the Regular Curriculum at the Scientific-Mathematical University of Belgrade." *Historia Mathematica* 5 (1978), pp. 342–345.

原文刊於《抖擻》，41，1980年11月，38–44頁。

7 普及教育期與後普及教育期的香港數學教育

黃毅英

七十年代隨著經濟起飛，香港成為亞洲四小龍之一，不少人認為這是由於學習機會增多，加強了社會流動性所致。香港人承著儒家傳統，著重現世成就、刻苦且成就取向；在急速發展與遍佈機會的社會中，他們又充滿拚搏精神。"望子成龍"的心態引致著重考核結果卻做成極大的壓力。這種種因素的互動即塑成了普及教育期與後普及教育期的香港教育。

普及教育的施行

學生多了

於1978年，香港開始提供九年免費教育，翌年，父母必須送十五歲以下的子女入學的法例生效。在不少人還未清楚普及教育的理念的情況下，新紀元已經揭開了序幕。

教師只知學生人數多了，升級易了，然大抵仍依循往常的教法。雖然學生學習開始有種種困難，但當時在中三設立了初中評核試這道關卡，維持了考試作為教學原動力之地位，競爭仍為學習的主要動機。然而，自1982、1983年開始，一切塵埃落定，考試篩選的原動力又開始消減，普及教育的問題表面化，教育工作者驀然驚覺問題嚴重之處。

最先察覺到的是學業水平下降。“某中四學生連圓周率也不曉得”、“中一級半級及格、中四級有數十人沒有一科及格也要任其升上中五”等在學校裏變成流行與無奈的話題。學業成績低落還夾雜著基礎學習欠佳、學習遲緩、缺乏動機、溫習環境惡劣、家庭及自我期望不足等種種因素。由是學生情緒與紀律問題接踵而來，令不少教育工作者直感束手無策。難怪有人認為在普及教育制度下，根本不存在數學教學法的問題。教師需花大量精力，才可使大部份學生安定下來專注學習。只要做到這點，教授數學方法的好壞已屬次要。所以，如何引起學習興趣、維持課堂秩序、營造學習氣氛、輔導學生的情緒、甚至如何與學生交談等顯得比學科的講授重要。這當然亦有互為因果的成份。然而，這卻說出了一個事實：在普及教育下，學生的能力與性向才佔決定性的地位。

縱然不少人抱怨，教育由精英轉向普及，一些本來不會在學校裏存在的、早“應”被篩掉的學生竟獃留在學校裏，並提出既然他們無心向學，何苦要強迫其學習等論調。然而在全民教育的前提下，我們得接受學生來自不同家庭背景、對教育也抱有不同期望的現實。故此，把知識羅列，學生啃不下就被篩掉的想法已無立足之地。我們必須照顧學習者之性向與需要，診斷其學習困難及因應調整。

以上是“輸入”問題，在此亦有“輸出”的問題。普及教育的前提，除了讓每個適齡學童有均等的學習機會外，還要讓未來公民具備所需的知識、技能和素養。而未來公民從學校走向社會時，亦將晉身各行各業，有著不同的需要，教育在不同的人的身上亦將產生著不同的作用。社會轉向資訊化和高科技，作為現代都市的居民，必須具備相當的數學知識。與此同時，由於社會的急劇發展，學校所提供的知識絕不能滿足日後各人在各行各業之所需。故學校所提供的，不應只是一些知識和技能，而是面對新事物自我學習和解決未知問題的能力 [38]，就正如布魯納（Bruner）所言的“學習如何學習”。

一方面，學校數學教育的成效若只局限於記誦一些公式與技巧，就只會讓學生在最短時期將之拋諸腦後；另一方面，大部份之技能性操作（skills）又被高科技所取代，於是學校數學教育之目的理應轉向內在能力與思維方式的培養。這種與未來普通公民生活之配合，不局限於著重數學在生活上的應用，亦包括解難、創新、分析、自學等能力之建立，並且包括排序、類比、規律尋找、掌握關鍵、御繁於簡等數學思維方式[14]。然而，這些能力卻又不能空洞的抽離教學內容而達到。問題不只在於兩者並重，而是怎樣在教授數學知識之同時，以之作為培養深層能力的基礎 [12]。

普及教育的意念，相對於精英教育，有著根本的不同，理應起著目的性的轉變，進而重新釐定課程、教學法與評核方法等。在分析普及教育期的香港數學教育有否朝此方向而行之前，讓我們先看普及教育對學校形勢的另一影響。

教師多了、學校也多了

隨著普及教育之推行，學校裏有著大量的學生，自然亦需要大量的教師，作為必修的數學尤然。這是應當早有預見的，故此亦有人提出了教師的質素參差。事實上，"找不到工作才教書"的想法一直普遍存在，教師空缺多了使情況加劇，教書遂變成了"失業避難所"。假若學校裏充斥著對數學興趣不大、教學欠缺熱誠的數學教師，他們勢難提高學生對數學的興趣。在大專階段又會充斥著"沒有甚麼好選才選數學"的學生，他們將來被迫當教師將會是再一次惡性循環的開始。

然而，從另一角度來看，"做日和尚敲日鐘"亦非壞事。總不能叫還了俗的和尚也來敲鐘吧！我們須接受教師隊伍倍增所帶來的後果，而不可能只靠"有心人"維持。問題反而是如何保證做和尚的肯每日敲鐘。有人即提出將市場機制引入教師行列。若能再加上充足的進修機會，透過延續教師教育，則教學當有邁向專業化之可能 [25]。

教師多了亦帶來了教師的年青化。年青教師儘管經驗稍遜、本身亦每為情緒問題所困擾（但卻要輔導學生的情緒問題），但他們往往能把年青人的理想、熱誠與拚搏精神帶到課堂裏。更重要的是師生距離縮窄，使教師更清楚學生的需要。大量教師職位亦製造了不少升遷與轉校的機會，市場流動性本來是健康的發展，然亦無可避免增添了人事的紛爭。教師間互相競爭的同時，學校之間亦競逐以期爭取較好的聲譽。

另一必然後果是大量新校湧現。若毗鄰兩所新校同時落成，無人可以不去作比較，也沒有人可避免兩者的比試與競爭。大家隨即意識到，在現時的形勢下，大部份學校的資源、設備、校政、教師質素等不會有太大差別。要把學校做到與別不同，唯一是利用“雪球原理”，即由公開試成績、課外活動獎項以至校風與紀律等提高“校譽”，遂獲家長讚許而鼓勵其子弟選讀該校。收到質素較佳的學生自然又能反過來提高學業成績與課外活動表現等。

這未嘗不是吻合教育之原理。學生學習之動機，每非由於教師僵硬之灌輸，而是由於浸淫在良好的學習風氣中。可惜在競爭白熱化時，一些學校把教育只局限到可見的表現，更或以攪好“會考及格率”、“入大率”等為是。這無疑是強化了考試結果作為唯一指標的角色，徒令“考試帶動課程”的局面更加嚴重[25]。在八十年代中期學校如此互相競逐之時，學校又意識到學生學業水平的下降，不少學校開始縮窄關顧面去保有公開試成績的陣地。由是忽略了學生的成長，甚或殺雞取卵地削減課外活動，做成極不健康的現象（[24]，27–28頁）。

普及教育期的香港數學課程發展

目的

相信懷疑“應否教授數學”的人不會太多，但為何而教、教的著眼點在哪裏卻會影響學習的結果與成效。

從上所述，普及教育下的數學教育，有著目的性之轉移，由此，課程與評鑑方式等都理應大刀闊斧地重編，以配合新目的。外國承接著此轉變，亦以消除“數盲”及“使數學對人人有效”為趨勢，以數字感、度量感與符號感分別作小、中學數學教學的重心[13]。大陸與台灣的數學課程亦有相應的轉變。

普及教育實施後，一些人以為學生在學習事實性知識之餘，已無能力再進一步，可是真象卻剛剛相反。對於大部份不打算在數理科進修的學生，肩負一袋公式對其將來生活毫無幫助，故1983年的小學數學課程亦提出整個（小學數學）課程之目的是 [2]：

一、引起兒童的創造能力；

二、啟發兒童的數學思考，培養兒童的創造能力；

三、教授基本的數學概念及計算技巧，為中學的數學及科學的學習奠好基礎；

四、讓兒童學習運用數學解決日常生活中的問題；

五、誘導兒童對數和圖形的規律及結構的欣賞。

吳重振 [1] 指出，以上目的，有別於1973年版本者，是"突出了對兒童數學興趣的重視，並強調基礎知識處理實際問題，也注意發展學生數學的思維能力，欣賞能力和創造能力"。

反而香港中學數學課程綱要 [3] 中卻申明"上述目的，顯示出本課程中的一個重點，就是將數學作為應用工具，而並非作為一種思維方法"，[1] 這是令人感到可惜的。有些人甚至認為這類目標細分有支離破碎、欠缺數學整體結構性之嫌。如今考試範圍、課程綱要、目標為本課程三者架床疊屋，亦帶來以後更難作課程改革之顧慮。

課程

普及教育期的數學教育，承受了"新數學"留下來的背景，課程作了一連串的統整，反而忘卻了應為普及教育這嶄新意念而作出改動。

香港自1969年於中學會考課程加插了新數學，而在七十年代一片"回到基礎"聲中，香港延至1981年出現了第三個中學會考數學考試範圍。於是有"新數"、"舊數"、也有"半新半舊"的數。在考試範圍而言，八十年代的最大使命似乎是將眾多考試

---

1 原文中文版作"…而並非僅作為一種思維方法"，即在思維方法之上還有工具之角色；但參看英文版則沒有"僅作"之含意，即不把數學看待成思維方法，只看成應用工具。今從英文原文理解。

範圍加以統一。到1988年，各範圍進一步合併，成為今日的單一數學考試範圍。在此時期，隨著課程發展委員會的成立，陸續頒布了中小學的課程綱要 [15、45]。除此之外，中學數學與附加數學科在這個時期可謂無大改變，反而中六階段數學課程的改變更大。

為了統一長久以來不同大專院校採取中六或中七收生的混亂情況，最後的定局是高等程度考試在1992年後結束，並於1994年引入高級補充程度考試。該課程的份量大約為高級程度學科的一半，但仍統一於中七應考。由於考生可考慮把高級程度的一科"換以"高級補充程度的兩科，故有著擴闊學習領域的意義。在數學方面，高級程度有原來的"純粹數學"與"應用數學"兩科，高級補充程度則加插了"數學及統計學"與"應用數學"。其中數學與統計學科申明"對象是一些無意專修數理科或工程科"者，亦算是一項新猷。

課程發展議會於1992年為了配合"學習目標及目標為本評估計劃"，頒布了《數學科學習目標》[4]。在一片反對聲中，隨著課程發展處於1992年的成立，又將之轉成"目標為本課程"[5、6]。由於要以保持現有課程為大前提，故此整個釐定過程變成如此的一項"習作"：即將原有的課題按五個範疇、四個階段放進適當的格子裏。既沒有配合它所提出的"五種能力"，[2] 亦沒有因應其所謂不同表現等級賦與課程剪裁的彈性 [18]。況且五個範疇並不如美國的《學校數學課程與評鑑標準》[37] 般。前者只包括數學學習內容而缺乏解難、規律與關係等"過程能力"。

目標為本課程聲稱旨在解決普及教育的問題，然而現行數學課程的問題又在哪裏呢？我們可試歸納成三方面：基礎數學沒有配合普及教育的形勢、中學數學不能同時照顧文理科和附加數未能為進修者作準備。至於第三點曾有人提出，將數學與附加數學兩科重整為考生不重疊之基礎數學和專為將來有意進修者之數學 [8]，其主要精神乃是給不同人切合的數學。此

[2] 後來改稱作"學習、思考和運用知識的方法"。

外，預科數學課程的問題仍多，現存之四個考試範圍，是否能切合進修數學、科技、商科與行將就業者之不同需要，實有待商榷。

評鑑

精英年代的教育帶有極強的篩選意味，考核純粹是一個"物競天擇"的機制。故此無論考試以任何方式進行（甚至拔河角力），經過接二連三的篩選，鑽得出來的乃為精英自有相當之保證。其時的考試，可以形容為以某些無論是否合理的判準將考生排一個隊的習作。在校內而言，按學位決定排在前頭的學生有升班學習的機會，其餘的就被篩出校或留班。在公開試而言，則按既定之"等第政策"將考生分成若干等。如此這般，考生便得到一個對其前途甚有意義、對其學習則毫無意義的等第。難怪有人說，這是"以考試摧殘教育" [22]。

以往評鑑的主要精神在於找出特定學生在整體常模分佈的位置。故除了"覆蓋性"外，最重要是將考生間的分野拉得越遠越好。混合性、變通性與非常規性題目正派用場。然學生所得分數不能反映他已掌握了哪些課題、哪些課題有困難、困難又出現在哪裏。由於每題都是綜合性，縱知每題的分數亦無補於事。總之，過往的評鑑並未著重從中取得資料以調整課程與教法。

日漸偏低的及格分數使問題惡化。*Mathematics Counts* [32] [3] 中便提到："我們難以相信一個普通程度的學生，為了一紙文憑，被要求應考一項只能獲得滿分的三分之一的考試，在教育上是可取的。"對於一個只得三十多分而號稱某課程考試及格的學生，無論未來的僱主或下一階段的教師，均無法知道這學生實際能掌握該課程的哪些部份。

由於過往的考試主導，學習流於背誦。雖然已經引入非常規性題目以察看學生的瞭解程度，然而，當考試效果極具作用時，非常規性題目出現後又會給人"背誦"而成常規性。不少學

[3] 書名為相關語，故不譯出。

生之所以成功解題不過是把老師的解答仿作一次吧了。在一個人數眾多、評分標準統一、又要講求看得到的公平之考試,局限性自然很大。癥結在於考核目的是要定出等第還是要知道學習之成效。在課堂，教師其實可以透過發問、口試、堂課、工作紙、短答題、習作、短文等多種途徑得到學習之回饋。

相對於常模參照測試，Glaser [35] 提出了標準參照測試的觀念，其精神乃不與他人比較，只鑑測自己的進度，因此每一測試題目應有明顯單一的目標 [30]，以求清楚反映學習的成效。有人更提出"目標為本評估"理應為"目標為本的學習"。由於題目連繫著明確的學習目標，學習者在評估後即知哪些課題達到標準、哪些又未充份掌握。在課程進度有調動的靈活性時，教師可把有同類問題的學生集成若干組，按不同需要進行訂正活動。全無問題的學生亦可自成一組，進行增潤活動。這個想法實在蘊含在編序學習與通達學習等理論內。至於香港學校的教學何時能不再被考試所帶動，則有待大眾意識到考試的篩選性其實早已在削減中了。

課堂教學和輔助教學活動

教授數學者每每只當數學是一門學術、一系列的邏輯推理。教學的任務就是把各個數學命題依次羅列。著眼點在於證明與解答的嚴謹性。老師在黑板上的解答是標準的。把黑板所有式子印刷出來，本身就成一本數學書，彷彿是在全體數學從公理到各定理龐大演繹系統中，抽出了適合中學的部分。

老師的解答是精簡、抽象、符號化的。他們會用最少的步驟,甚至標榜答案的步驟不可再少了，並盡量用符號代替文字。例如：

$$x^2-5x+6=0 \Rightarrow (x-2)(x-3)=0 \Rightarrow (x-2=0)\vee(x-3=0)$$
$$\Rightarrow (x=2)\vee(x=3)$$

可以說是把數學裝扮成最嚇人的模樣放在學生面前。在精英時代，情勢就好像把一堆符號和盤托出，啃不下就自己想辦法好了。

日常教學，無可避免要依循教科書。現時不少教科書仍保留“定義—定理—證明—例題—習作”之僵硬傳統格式，既無講解亦缺乏與學習者之互動。今日的教科書實應著重興趣之提高、概念之講解及解難能力之培養。教科書之改進實有賴教師在公式與計算技巧之餘，向出版商提出進一步的要求。

隨著學習心理學的急劇發展，不同的教學法如自我發現法、編序教學、表露法、遊戲教學法、探究法、歸納法、學習層構分析、螺旋式學習法、協作學習等亦陸續被介紹到來[20、23]。按教統會第四號報告書的建議，課程發展處發展組亦開設了專事研究通達學習的小組。通達教學法 [31] 曾由中文大學及課程發展處協作在小學裏進行試驗，效果理想[28、29]。

姑勿論這些教學法實驗的成效，大家開始從只顧熟習技巧轉向認識解決問題的來龍去脈、概念的深入理解、從“作為製成品的數學”轉而析述“製作過程中的數學”，並提出透過數學史瞭解數學理念的發展 [27、43]。

但是差距大的師生比例和擠迫的課堂環境仍是桎梏有效教學的死結。國際顧問委員會 [19] 所說的：“班房內擠滿了學生”依然故我；“…這種（課堂）只宜學生排排坐，面對教師黑板，毫無活動空間” [22]。在這種情況下，混能班的出現無可避免。按能力分班雖甚通行，但有否按能力施教並為之設計合適課程則為另一問題。按能力分班只變成學生標籤。自1982年，每所中學增加了兩名學位教師以推行中英文科的輔導教學（小學則連同其他職務酌減師生比例）。1983年及1989年再增一名學位教師及兩位非學位教師以推行數學科的輔導教學或其他職務，如職業輔導或課外活動等，然輔導班的成效，尚待調查研究。

於是，不少人開始轉向課堂講授以外的輔助活動。利用遊戲學習早已有所提倡。田尼氏 [34] 根據皮亞諧的發展心理學，提出數學概念可透過自由玩耍、有規律遊戲、尋找共同結構、描述或圖示、符號化及形式化六個階段形成。鄭 [21] 更指出“遊戲帶來的受益往往不是內容方面而是遊戲本身的過程”（第一章《遊戲與學習》）。遊戲涉及的策略、規律發現和觀察等非常規教學所能達到，且更涉及情性、官能和社群各區宇[13、23]。由於對舉辦數學學會和有關活動技巧的需求日增，香港數理教育學會於1986年印行了《數學學會導師資料冊》。同年，教署舉辦了數學活動及與數學有關之公民教育等研討會，以配合時代之發展。

可是，課外活動的發展在八十年代中期卻有放緩跡象，不少教師反映課外活動在校內得不到足夠的重視，把課外活動放於次要位置（[17]，[24] 68–69頁），不少學校的數學學會名存實亡。其中原因，恐怕是大家仍沿用精英教育年代的模式運作，把對象定作對數學有濃厚興趣的學生。隨著學生素質參差，數學學會在一些學校裏變成了補習班，甚或補課，破壞了數學學會的形象。

近年大家反而發現數學課外活動所能產生的潛移默化功效，數學學會即以另一種形式"復活"。有趣的是這種復甦現象"反而"先由一些成績普通的學校發起，這正是大家看到活動激發學生興趣的可能。他們把各種活動滲透到周會、集會、活動時間、期終考試後活動日等，務使學生在不知不覺間參與了一次數學歷程 [11]。當學生在感到講座等數學學會活動過於拘謹之時，不同形色的活動如數學遊戲、數學競賽、習作、工作坊、教具製作、展覽和攤位遊戲等亦開始帶進了校園。

數學競賽亦是一個極能提高學生數學興趣的活動。1983年教育署與羅富國教育學院開始了第一屆的香港數學競賽。1987年起，在香港數理教育學會的安排下，香港參加了全國中學數學聯賽。到1988年，香港則開始派隊參加國際數學奧林匹克。個別學校與團體的數學比賽仍多。此外，香港統計學會自1986年亦每年舉辦全港中學生統計習作比賽，增加了統計學學習的趣味 [41]。

高科技的衝擊

社會趨於高科技，對學校衝擊最大的，是私人電腦及袋裝電子計算機。校內允許學童使用計算機的程度，往往是參照公開試的考試規定。由於當時初中評核試是禁用計算機應考的，故中三以前學童使用計算機在被禁之列。縱然"從所有研究的證據均顯示計算機運用並未做成基本計算能力上的任何壞影響"[32]，且"並無證據顯示計算機的提供使學生倚賴計算機作簡單計算" [37]，香港教學界普遍仍存計算機影響計算能力的顧慮。

然而我們不能漠視，計算機已成為普通人日常生活的一部份。其價錢可能還少於學童的一頓午餐。對於大部份的學童，買一部計算機就彷彿買一把圓規、一個量角器。在現時教學以公開試作指標的情況下，問題是大大的被"簡化"了。可是這些器材的普及程度，往往超出了學校可容許的範圍，以致現時學生不能從學校裏學到運用它們的知識。故此不禁要問：我們應否從限制學生運用的客位，轉到教學生使用的主位呢？例如 Phillips [40] 指出了繪圖計算機"開啟了利用視覺與圖像的方法溝通數學的可能性。" 續指出："於數學裏，運用視覺與圖像思考一向被認為不比以符號思考的重要。這可能因為視覺的思考方式比符號方式較難與別人溝通。" Damana 和 Waits [33] 亦形容將數學變得"高度互動和賦有視感"。

私人電腦的發展亦不遑多讓。以前只能在大機構的實驗室才找到電腦，現時私人電腦已安裝到不少家庭和學校裏去了。以往，學校可能只有十部左右私人電腦，純作電腦科教學之用。1993年，教育署把學校的電腦更新到80386處理器及彩色屏幕。然資源、軟件與教師培訓均令電腦輔助教學不易實現。它不像計算機般不用改動課堂佈置。學童對著電腦自學乃假設了強烈的學習動機。較切實的想法可能是利用電腦去輔助教學而非自學。近年不少"互動軟件"(interactive programmes)，加上唯讀光碟機與高映機介面之面世，增強了電腦協助教學的潛力。不過電腦取代了不少數學技巧，實帶來另一層面的衝擊。

高效能的專業電腦軟件自能作出人所不能的計算。近年一些普及"符號數學"軟件亦能取代人手作不少數學的演算。例如在極短時間作因式分解、部份分數分解、解聯立方程、繪曲線與曲面、求極限、微分與積分、矩陣運算等。然而，我們卻無須擔心"學校再不必教微積分了"。反而我們再不用集中操練積分運算而可騰出更多時間析述積分之意義與解決問題之應用，正如 Cockroft [32] 中云："我們欲強調，有了計算機絕不減低認識數學之需要。" NCTM [37] 亦有類似之說。NRC [38] 提出"由於袋裝計算機之容易獲得，小學數學之目的即轉為建立學生之數字感"。

Shumway [42] 指出："隨著科技的發展，計算數學的份量必須減輕而加強數學概念。為了教授數學概念，教師必須先學習概念。為了能有效的應用科技，教師亦必須先學習利用科技做數學。" 文中更提出"現存課程的大部份應被刪除"。Howson和Wilson [36] 亦提出在這種情況下，統計教學應完全改觀，而幾何級數、指數、無窮級數與階乘的學習更為容易，迭代變成了簡單直接的運算，一向被忽略的課題如連分數也隨時可以學習。減輕著重技巧而轉向概念，似為無可置疑的趨勢，期待的是大家意識到這轉變吧 [9、10、16]。

教師進修

隨著時代的進展，教師專業化的過程中，教師進修至為重要。香港的教師教育主要由兩所大學和四間教育學院負責。1979年，政府宣佈學位教師必須具有教育文憑或教育證書方可跨越職級關限，此亦為將來升任高級學位教師所需。這是升遷與進修掛鉤的開端。由此需求大增，兩大教育學院於七、八十年代擴展，包括開設暑期班和預修課程等。

自1985年起，數大教育團體亦開始於暑期舉辦"新教師研習課程"，向有志入行的準教師介紹教師這行業。自該年起，數學部分即由香港數理教育學會數學組負責。隨著要求進修高級學位的教師漸增，兩大教育學院均有提供教育碩士與博士的學位課程。中文大學自1988年則推出了專為小學教師和體育教師的學士學位課程，正配合教育統籌委員會第五號報告書小學教師逐步學位化的建議。

教師的不斷進修亦甚為重要。教育署自1983年起，於羅富國教育學院辦現職中學教師進修訓練課程，而自1992年，此等進修亦與升職掛鉤，並交予兩大教育學院辦理。教師在其漫長的教學生涯中有不斷進修的機會極為重要，然初修課程應與復修課程進一步配合。前者宜把焦點放在課堂教學，後者則可照顧校內有特定崗位（數學科主任等）的需要。此外，我們必須讓教師看到更新與進修的必要，教師不斷進修之課程方不會流於表面（[25]，49–50頁）。

教師進修並不局限於形式進修課程，延續進修、教師間交流與自我反思亦甚重要。於此，教師團體與雜誌可以起很大的作用。香港數理教育學會數學組所辦的研討會等活動亦不少。1980年，該會更在已有的《香港數理教育學會會刊》上，出版了《數學通報》半年刊，又於第十四期起增闢"學生園地"。在差不多同時，教育專業人員協會亦出版了《數學教學》季刊，加上羅富國教育學院的《數據》及教育署的《學校數學通訊》，可說是數學雜誌的鼎盛時期。可惜《數學教學》於第十期後停刊；《數學通報》亦於第十八期後停刊。何以在各類雜誌林林總總的香港不能容納教師雜誌的存在，值得深思。

後普及教育期的數學教育

篩選機制之瓦解

在普及教育實施初期，政府提供的免費學額只及中三階段。在中三以後，還有初中評核試、會考及入大學的幾個關卡。當時就出現了不少欲繼續升學、有此經濟能力而又沒有學位的"失敗者"。換言之，是維持了篩選作為教學一種動力之地位。隨著學位之增加，不少關卡漸已形同虛設。以1990年的數據，超過百份之八十的中三學生保有中四的資助學額。隨著1991年教育署頒布中六收生新措施和中六學院之成立，從小學遞升預科或以上可說甚為容易，這和十年前的程況大相逕庭。大家隨即意識到，我們正邁向一個"無考試年代"。

這種無篩選有著雙重意義：除了學額的篩選程度減低外，教育亦並非社會階層爬升的唯一途徑。

恒久以來教育工作者均埋怨考試壓力沉重桎梏了真正學

習，但一旦考試機制瓦解又反令大家茫然不知所措。在缺乏對策下，大家唯恐成績每況愈下，“中四學生還未認清廿六個英文字母”、“中三學生分數也不會加”等怨憤之聲不絕於耳。中學教師猜想他們小學基礎不好而小學亦有其困難。教育理論的提供徒勞往返：整班第五組別學生你教我怎辦？大家應付此類學生已疲於奔命，只有以擺脱之為務。教育的唯一目的彷彿只是不讓第五組別學生在本校出現吧（那管他們到了哪裏和有否讓他們改進的辦法）。與此同時紀律問題加劇，令不少教師束手無策，不少學校行政與風氣等問題開始老化與積習難返。每天拖著疲憊的身軀返校祈求今日所有學生問題不在自己一班發生者大不乏人。一聲下課鐘響起，教師與學生（甚至校長與校工）均有如釋重負之感。

微妙的是，學生的普遍能力是否真的下降了呢？抑或只是他們有不同的要求、不同的期望、不同的背景和不同的需要呢？簡言之，他們的能力未必低了，只是不願學習學校認為有意義的東西吧。假若學生有被迫學習之感，程度漸與所教的脱節，在課堂上就只能獃坐，無法明白教師一句話。上學遂變成苦差，若加上動輒得咎的環境與複雜的家庭問題，學生必然變得反叛生事，衍生學習與紀律問題。

若問題不在於能力而在於動機，則圖以降低要求或教授內容的深度可能只會令情勢每況愈下。考試吃光蛋的不一定不懂作答而是懶得花心思。事實上，以現時九年時間學到的東西可能已減無可減了。故此，課程發展委員會教學大綱所提規限數學於應用工具層面實有再檢討之必要。與其以程度“遷就”，更合適的做法可能是引起學習動機、增強學習內容的切合性、激發學生的潛能，並時刻給與協助與輔導。

於1989年，港督在其施政報告中提出，期望到1995年，有關年齡組別的學士學額，由1989年的百分之七提高至百分之十八；專上學額亦指望由百分之十四增加至百分之二十五。為達此目的，專上學額須每年作約百分之十的增長。於是，普及教育的“威力”席捲專上教育。一向面對“天子門生”的專上教師感受到水平下降、缺乏動機、態度欠佳等種種不安，猶如當年學校普及教育的歷史在大專內重演，埋怨中學階段基礎不好與當年指小學沒有學好一樣，既非事實的全面，亦無補於事。可行之法和上並無二致：動機與切合性、肯定學生的潛能，這相信會比講解更詳盡、程度定得更淺易來得更為有效。

總之，教育的普及程度已一變再變。以往討論"對於中五後無法繼續升學的大多數應教予甚麼數學"已不適用，因為走進專上教育的可能才屬大多數。數學教育目的之重整與課程之改革已是刻不容緩了。

數學教育目的與課程之重整

教育之量既已滿足，早是轉向質的時候了。由艱辛的保有學位，應轉向保証學生坐在課堂確實學到點東西。由社會的高速發展與高科技之普及，數學教育理應進一步削減技巧操練而強調解難與概念等之培養，使學習得以超出正規的學校教育，讓學生在步入社會後有自我充實之能力。概括而言，是建立一種數學素養，一種與數學有關的思考與處理問題方式。猶如《學校數學的重整》[39] "擴展中之目的"所言："我們教授數學期以達到幾個甚為不同之目的，以反映數學於社會中所扮演的多元化角色：實用目的 — 協助個人解決日常生活的問題；公民目的 — 讓公民能智性地參與公民性活動；專業目的 — 為學生將來的職業與專業作準備；文化目的 — 延續人類文化的主要部份。"

從這目的之擴展、課程亦須加以調整，以配合普及教育與"無考試年代"的新形勢。這除了脫離精英年代學術取向的課程內容外，無論分文理科數學也好，重整基礎與附加數學也好，其要旨均是認定學生將來走向各行各業，為不同需要設計相應的課程，務使"數學對人人有效"。然數學解難、思考與種種能力之培養，都應是共通之核心，形成了"核心+選修"的一個模式 [36]。在普通公民所需的數學之上，亦應關照具數學潛質者之發揮與培養。總之，課程應走向多元化與個別化，避免"一刀斬"之弊。由此可見，課程改革遠超教學範圍的重新釐定，還須有學制上、課程上、教法上之彈性。

雖有人認為現時的教學內容過於臃腫，但若只顧削減，徒令學生產生錯覺，以為程度會無止境地作出遷就。所謂過於笨重，其實是想騰出學習內容和操練的時間來培養解難等能力。故如何從技能轉向概念，在課程改革的問題上是必須同時考慮的。

另一方面，在一日千里的社會裏，九年是一個漫長的時間，要增進九年基礎教育之效率，不一定要加快節奏而使之倉卒。問題在於切合性與配合學習者之進度。務使學一次而非光是教了一次，保證前面的完全掌握方進入下一環節，避免反覆重教。學生在課堂上感到聽明白教學內容實乃學習動機之一大來源，由是成功地解答更多數學題的經驗，又反過來使學生更願在課堂上盡力學習。此即雪球滾動之開始。其他紀律問題亦可望迎刃而解。

結論：期待著學養教師

從上看到，無論課程如何改動，仍有賴教師按其專業判斷去體現。故此懂得執行既定方案並不足夠，教師本身必須成為思索者、探究者和課程設計者。換言之，我們需要的是對數學、學生性向與有效教學均能通達者。有些人即冠以一銜，名為“學養教師”[7、44、46]。

社會不只變得高科技和一日千里，更以開放與透明為慕。教育目的應從社會階層爬升與未來預期角色作準備（所謂立身處世）進而著重自我及社會之（相互）完善。從讓未來公民“適應”既定之社會進而使其有締造屬於下一代自己的社會之能力（[25]，85–89頁；[26]）。由此觀之，使學生有獨立思考批判與反思的能力實為至要。要達此目的，教師必須遠離只顧灌輸知識，並認定每人均有不斷成長的本質與不同的潛質以激發之。同理，教師訓練的取向亦應從告訴教師應如何教轉向培養具反思能力的教師。

然而，即使教學如何進步，若無合理之環境與高質素之教師，一切尚為空言。有關當局亦應製訂詳盡教材套與教具，使“教師”與“教材”有相輔相承之效。

師生比例與沉重工作量為桎梏教學的主因。當務之急，是改善工作空間，增加文書、設施與行政支援使教師不用分身與教學無關的工作，透過清晰的工作界定與平分、校政民主化與教師對教育政策有參與權讓教師進一步專業化，從而吸引更多有能力的教師入行並避免此等教師流失。

參考資料

[1] 吳重振。“數學教育”。於《小學教育 — 課程與發展》，黃顯華（編），53–69頁。香港：商務印書館，1993。

[2] 香港課程發展委員會。《小學課程綱要 — 數學科》。香港：教育署，1983。

[3] 香港課程發展委員會。《中學課程綱要 — 數學科》。香港：教育署，1985。

[4] 香港課程發展議會。《數學科學習目標（初稿）》。香港：教育署，1992。

[5] 香港課程發展議會。《目標為本課程：數學科學習綱要（第一學習階段）》。香港：教育署，1994。

[6] 香港課程發展議會。《目標為本課程：數學科學習綱要（第二學習階段）》。香港：教育署，1994。

[7] 陳鳳潔、黃毅英、蕭文強。“教（學）無止境。數學‘學養教師’的成長”。於《香港課程改革：新時代的需要研討會論文集》，林智中、韓孝述、何萬貫、文綺芬、施敏文（編），53–56頁。香港：中文大學教育學院，1994。

[8] 張百康。“檢討附加數學課程的建議”。《數學通報》18期 (1989)，5–6頁。

[9] 黃毅英。“高科技對學校數學教學的衝擊（上）”。《數學傳播》59期 (1991)，103–110頁。

[10] 黃毅英。“高科技對學校數學教學的衝擊（下）”。《數學傳播》60期 (1991)，112–118頁。

[11] 黃毅英。“數學與課外活動”。《數學傳播》62期 (1992)，96–128頁。

[12] 黃毅英。“九十年代的數學教育”。《數學傳播》64期 (1992) 79–87頁。

[13] 黃毅英。“遊戲與數學教學”。《數學傳播》66期 (1993)，52–68頁。

[14] 黃毅英。“數學教育目的性之轉移”。《數學傳播》67期 (1993)，73–75頁。

[15] 黃毅英。“數學教育”。於《中學教育 — 課程與發展》，黃顯華（編），43–64頁。香港：商務印書館，1993。

[16] 黃毅英。《高科技衝擊學校數學教學的最新發展》。（待刊）

[17] 黃毅英、馮以浤。“中學課外活動的發展”。於《香港教育 — 邁向九十年代》，黃顯華（編），125–136頁。香港：商務印書館，1993。

[18] 黃毅英、曹錦明。“評論‘目標為本課程’之設計：數學科”。（待刊）

[19] 國際顧問團。《香港教育透視：國際顧問團報告書》。香港：香港政府，1982。

[20] 鄭肇楨。"數學教學途徑的探討"。於《數學教學途徑的探討》，香港教育專業人員協會數學組（編）。香港：香港教育專業人員協會，1979。
[21] 鄭肇楨。《數學遊戲》。香港：商務印書館，1980。
[22] 鄭肇楨。"本港的教育政策及未來導向"。於《香港教育透視》，香港專上學生聯會和中文大學學生會（編），11–18頁。香港：廣角鏡出版社，1982。
[23] 鄭肇楨。《教育途徑的拓展》。香港：廣角鏡出版社，1983。
[24] 蓮華。《教無止境》。香港：廣角鏡出版有限公司，1993。
[25] 蓮華。《教而後知不足》。香港：廣角鏡出版有限公司，1994。
[26] 蓮華。"學校與流行文化"。於《大眾傳媒與青少年》，青年事務委員會（編），110–114頁。香港：青年事務委員會。1994。
[27] 蕭文強。"數學史和數學教育：個人的經驗和看法。"《數學傳播》63期(1992)，23–29頁。
[28] 韓孝述。"通達學習（上篇）：基礎理論與實際運作。"《課程論壇》3卷2期 (1993)，49–61頁。
[29] 韓孝述。"通達學習（中篇）：推行策略與設計特色。"《課程論壇》3卷3期 (1994)，50–62頁。
[30] 鍾宇平。"評鑑與測量"。於《教師工作的理論與方法》，陸鴻基、李偉端（編）。香港：廣角鏡出版社，1985。
[31] Bloom, B.S. "The Search for Methods of Group Instruction as Effective as One-to-one Tutoring". *Educational Leadership* 42 (1984), pp. 4–17.
[32] Cockroft, W.H. *Mathematics Counts*. England: HMSO, 1982.
[33] Damana, F. and B.K. Waits. "Enhancing Mathematics Teaching and Learning Through Technology." In *Teaching and Learning Mathematics in the 1990s* (1990 NCTM Yearbook), T.J. Cooney and C.R. Hirsch, eds., pp. 212–222. U.S.: NCTM, 1990.
[34] Dienes, Z.P. *Building Up Mathematics*. London: Hutchinson Educational Ltd, 1960.
[35] Glaser, R. "Instructional Technology and the Measurement of Learning Outcomes." *American Pychologist* 18 (1963), pp. 519–521.
[36] Howson, G. and B. Wilson, eds. *School Mathematics in the 1990s*. England: Cambridge University Press, 1986.
[37] National Council of Teachers of Mathematics. *Curriculum and Evaluation Standards for School Mathematics*. Reston, Virginia: NCTM, 1989.
[38] National Research Council. *Everybody Counts*. Washington D.C.: National Academy Press, 1989.
[39] National Research Council. *Reshaping School Mathematics*. Washington D.C.: National Academy Press, 1990.
[40] Phillips, R.J. "Information Technology Opens up Possibilities for More Graphical Ways to Think Mathematically". In *The Mathematics Curriculum Towards the Year 2000*, S. Malone, H. Burkhardt and C. Keitel, eds., pp. 397–302. Australia: Curtin University of Technology, 1989.
[41] Shen, S.M., K.Y. Li and K. Lam. "Statistical Project Competition for Secondary School Students — A Hong Kong Experience." In *Proceedings of the Third International Conference on Teaching Statistics*, D. Vene-Jones, ed., 214–223. The Netherlands: International Statistical Institute, 1991.

[42] Shumway, R.J. "The New Calculator, Some Possible Implication." In *The Mathematics Curriculum Towards the Year 2000,* I. Malone, H. Burkhardt and C. Keitel, eds., pp. 281–290. Australia: Curtin University of Technology, 1989.

[43] Siu, F.K. and M.K. Siu. "History of Mathematics and Its Relation to Mathematical Education." *International Journal of Mathematics Education in Science and Technology,* 10 (1979), pp. 561–567.

[44] Siu, F.K., M.K. Siu and N.Y. Wong. "The Changing Times in Mathematics Education: The Need of a Scholar Teacher." In *Proceedings of the International Symposium on Curriculum Changes for Chinese Communities in Southeast Asia: Challenges of 21st Century,* C.C. Lam, H.W. Wong and Y.W. Fung, eds., pp. 223–226. Hong Kong: The Chinese University of Hong Kong, 1993.

[45] Wong, N.Y. "Mathematics Education in Hong Kong: Developments in the Last Decade". In *Asian Perspectives on Mathematics Education,* G. Bell, ed., pp. 56–69. Australia: The Northern Rivers Mathematical Association, 1993.

[46] Wong, N.Y. and S. Su. "Universal Education and Teacher Preparation: The New Challenges of Mathematics Teachers in the Changing Times." Paper presented at the ICMI-China Regional Conference on Mathematics Education at Shanghai, 1994.

8 舉步維艱的小學數學教育

馮振業

每當人們討論數學教育，總愛把焦點集中在中學階段。在過去十年，這種局部的觀點並未為數學教育帶來令人驚喜的突破。相反地，過份集中的資源投放，已令數學教育的整體出現失衡的現象。如果把數學教育分成小學、中學和專上三個階段，中學便理應擔當承先啟後的功能。可是，事實上為了上下銜接，中學的部份很自然地失去了徹底更新的可能性。無怪乎十年來的數學教育改革，也只是在兜兜轉轉中渡過。

從較宏觀的角度看，我們不可忽略小學和專上的數學教育。前者實為全盤的基礎，自然不可掉以輕心，正所謂“好的開始是成功的一半”。同樣地，專上的數學教育直接為社會的下一代培訓數學教師，間接支配著往後的數學教育，影響至為深遠。奈何這兩階段的數學教育並未獲得應有的社會關注和重視，致使數學教育討論往往流於搔不著癢處。

為了打破這個悶局，本文提出小學數學教育的一些問題，並試圖從課程和從業員兩個方向作出分析。

課程綱要

無庸置疑，數學課程在數學教育中佔了極為重要的地位，那麼目前的課程（下文全指小學數學課程）是怎樣的呢？在這方面提供最詳盡資料的要算是香港課程發展委員會於1983年編訂的《小學課程綱要：數學科》（下文簡稱課程綱要），其中對各個課題的教學活動作出了詳細的建議，令小學數學教育在教學法上邁出了一大步，一反以往注重講授和強記的習慣。此外，由於有了詳細的解說，課本編寫方面亦有了不少的進步。呆板的"釋述—例題—練習"模式被徹底打破，取而代之是一些活潑的學習活動，強調學生的參與和實踐，確實帶來了新的景象。

對各課題的教學法提供詳盡的建議無疑幫了教師一把，不過也帶來一些負面的效應。首先，教師往往把這些建議看成指示，在實際教學上依樣畫葫蘆，省得多花心思。這樣做，間接抑制了教師的創思。其次，過份集中在教學細節的討論令教師失去了全局的方向感，未能深入思考各課題之間的關係和相對的重要性。

上述的問題在普及教育推行了一段時間後便漸漸浮現，儘管不少教師貫徹執行課程綱要的建議，許多學生看來未能在課程之下受惠。教師觸目所見的，是學生沒有興趣、沒有創思、基礎不穩、未能應付不常見的生活問題、對規律及結構的觀察力和欣賞力薄弱，跟課程綱要列出的目的：

一、引起兒童對數學學習的興趣；

二、啟發兒童的數學思考，培養兒童的創造能力；

三、教授基本的數學概念及計算技巧，為中學的數學及科學的學習奠好基礎；

四、讓兒童學習運用數學解決日常生活中的問題；

五、誘導兒童對數和圖形的規律及結構的欣賞，

相去甚遠。這種現象的成因錯綜複雜，不過課程綱要未有照顧到由普及教育衍生出來的學習差異的擴大則肯定是原因之一。

學生背景的參差，著實為教學製造了重重障礙。時間和資源皆顯得異常緊絀，教師有必要對教學程序和學習內容作出修訂，以切合實際的需要。可是教師應該如何取捨抉擇呢？課程綱要沒有為這個問題提供滿意的答案，因此，教師只能停留在技術細節的層面，依照課程綱要的建議和教科書的編排，把小學數學切成碎片，讓學生一塊一塊地吞下。

若然有人說這個課程沒有靈魂，筆者不會反對。沒有靈魂

的課程就沒有重心，也就分不出主要和次要，自然不必説輕重緩急。在甚麼也同樣重要的情況下，很可能變了甚麼也同樣次要。同理，教師抓不著一套指導思想，工作自然流於機械化，缺乏了高質素教學所必備的靈活性。

課程綱要是在普及教育推行後編訂的，很可惜，它並未預視普及教育為數學教學增添的壓力。在九十年代的今天，重整課程已是無可迴避的工作。香港教育署輔導視學處數學組於1992年編訂的《小學數學教學參考資料》肯定了學習差異的存在，並對課程綱要作出了一些補充。這一點一滴的功夫只是大規模改革的前奏，九十年代的課程發展工作將一浪接一浪而來。

九十年代的新趨向

雖説課程改革步履緩慢，但是教育理念的改變已經為課程帶來衝擊。且看香港教育署課程發展處於1993年向各小學發出的《小學課程指引》，提到把學習要素分成知識、技能和態度三方面，並把數學的學習歸納如下：

知識

- 瞭解基本的數學概念（包括數前概念、整數、數的規律及性質、數序、四則運算、括號的應用、分數、小數及百分數、負數、代數式、方程式的原理、平均數及比例）、量度（長度、重量、時間、貨幣、溫度、角及方向、速率、面積、容量及體積）、常見的平面及立體圖形、數據的組織及圖表。

技能

- 基本運算技巧（包括小學程度的整數四則、分數及百分數）以及基本的量度技巧，包括長度、重量、時間、溫度、角及方向、速率、面積、容量及體積；
- 解決問題的基本技巧（包括估計、數數、計算、比較、配對、分類、辨認、編排及組織、找尋規律、邏輯思考、假設及驗證、解釋所得結果、展示數據，以及運用數學概念）。

態度

- 工作態度（如靈活變通、獨立思考和處事、合作、集中精神、堅毅、想像及創作力）；
- 對數學應有的態度（如信心、對數學活動的興趣，鑑賞力以及在其他學習範疇和日常生活中以數學的能力及知識解決問題）。

由上文可知，經過了十年光景，課程工作者對數學學習的觀感已有了明顯的改變。最低限度，在文件的層面上已走上較前宏觀的層次，把數學的學習元素作了清楚的區分，也意味著傳統上過份集中於知識灌輸的局面將起變化。

目標爲本課程

緊接著這個指引的發出，一個大規模的課程構想 — 目標為本課程 — 也將排山倒海而來。這個構想貫通中、小學各科，並含有強烈統一各科學習取向的味道。其中強調五種互有關連的學習及運用知識的方法（或稱認知能力）是：構思、傳意、探究、推理、解決問題。

在數學科而言，這些正好觸及學習數學時所追求的數學思維能力。由於"目標為本課程"的佈置極度宏觀且跨越學科，其對數學以至其他學科的教學產生的實質影響尚待觀察，不過由此產生有關如何提高這五種能力的討論則無法迴避。無論如何，要孕育這些能力，必須增加在有教師指導的環境下讓學生討論、發問和切磋的機會，這跟傳統以講授為主的教學形式相去甚遠，直接對課室的佈置和時間表編排構成壓力。

以目前一般學校的課室設計和每班人數（四十左右），實在沒有足夠的空間以支援這種教學。教具和器材的儲存和搬運已是諸多不便，而三十五分鐘的教節時間更進一步使情況惡化。教師分發和收回器具和學習材料最少要花十分鐘，上課時間勢必捉襟見肘。再者，為了保持學習的連貫性，教師在選材方面務必找些易於在指定時間內完成的活動，這大大局限了教材的種類。由於受轉堂的鐘聲限制，教師未必能在下課前適當地總結學生在課堂上的研習和討論成果。雖然增加雙教節可作權宜之計，但問題的根本在於教節的長短可否彈性安排。

如果一位教師兼教一班的所有學科，時間分配便有很大的彈性，可讓學生探索較深入的數學問題。這個模式在西方社會廣被採用，不過卻失去了專科教師任教的好處。其實早於八十年代初期，"活動教學"的推行或多或少已經朝著淡化學科界線的方向走。同時，在時間表方面也增加了彈性，雖不至於全日課由同一位老師任教，但三教節的出現著實令到不少活動可在沒有太大時間限制下進行，為學習活動多樣化提供了較有利的條件。

儘管"活動教學"對傳統的學科界線劃分帶來了衝擊，其效果仍然相當局限。首先，直至1992年為止，只有二百六十多間小學參加該計劃，而且只集中於小一至小三推行。即使上、下午校作一間計算，目前全港也有超過六百間小學。由此觀之，"活動教學"只惠及少數小學生罷了。其次，有些學校在推行"活動教學"時，硬性規限各科上課時間的長短，縱使由同一位教師連續任課三教節，卻仍然無法獲得彈性安排教節長短的好處。本文並不打算討論是否應該打破學科分界，不過課程的改革確實涉及很多行政安排，若然只獨立考慮，恐怕會抓不到問題的核心。

另一方面，"目標為本課程"還提出一項有關評估的改革，要求評估結果能對學生的學習表現有更清楚的描述，一反以往只強調學生之間的相對學習表現的做法。這個想法無疑改進了目前評估方法的一些缺陷，不過卻沒有解決一個一向棘手的問題 — 認知能力的評估。簡單而言，就是說如何評估學生的數學思維能力。由於"目標為本課程"強調五種認知能力（構思、傳意、探究、推理及解決問題），順理成章也必須提出如何評估這五種表現。很可惜，這計劃不只沒有提供有關評估這些能力的一般指引，甚至並不把這些能力正面地列入評估的項目之中，更遑論提供一些具體的評估細則。

換言之，“目標為本課程”只停留在“說了便算”的階段，並未為數學課程帶來突破性的改善。

學能測驗

此外，行之有年的“學能測驗”卻仍然是主宰小學數學教育的黑手。礙於“學能測驗”對升中派位有直接的影響，一般小學最遲會在小六上學期便替學生操練那種形式的試題，有的甚至早於小四下學期已開始“訓練”。可想而知，高小的數學教育已淪為幫助學生通過“學能測驗”的工具，失去了應有的自主。更壞的，是“學能測驗”並非以一個數學學科測驗的形式出現，雖然其中涉及一些數學課題，但其基本理念是一個心理測驗，希望學生在沒有刻意準備的情況下作答，以求藉此對學生將來的學習表現作出推測。經過一番“準備”功夫之後，學生很容易對數學產生錯誤的觀感，以為“學能測驗”是一個數學表現測試，並根深蒂固地認為數學是由“操練”得來的。

小結

十年來的小學數學課程發展的困擾，可從三方面去理解。首先，工作取向上沒有主次緩急之分，令教師在實踐上缺少了取捨抉擇的客觀依據，一方面導致部分學生的需要得不到應有的照顧，另一方面卻又未能展示數學科的特質。結果水準較低的學生被一疊疊同樣重要的課題壓得喘不過氣，而質優的學生縱然明白教師在個別課題的講解，卻依舊沒有領會數學科的神髓和學習竅門，形成一個兩面不討好的局勢。其次，課程變革集中在課程理論的拿捏而忽略了和實踐結合的細節。在行政安排的層面上固然障礙重重，即使在教學實踐上也欠缺全面的指引，令課程理論上的堂皇字句，只流於空中樓閣，可望而不可即，浪費一番籌劃及推行的功夫。最後便是校外測試的控制，以目前“學能測驗”對課程的干擾程度，很難想像數學教育可正常地進行。若不加以控制，如何偉大的課程改革構想也只會是一紙空言。再者，礙於客觀條件的限制，往往未能對一些重要的素質進行有效及可信的評估。如果完美的理論架構包括對每一項所列出的教學目標作出評估，那麼要勾畫完美的理論架構，唯一的出路就只有犧牲那些不易評估的素質（在數學科而言就正好是那些思維能力）。簡單而言，完美的課程理論架構不一定跟有效的實踐兼容，我們的選擇很可能就在紙上談兵和務實苦幹兩者之間作出取捨。

從業員

除了課程以外，從業員的素質也是教育成敗的決定性因素。影響著小學數學教育的，主要包括教師、督學、教育學院講師和其他教育研究人員。誠然，在學校的環境裏，校長及家長的意欲，無可避免地牽動著教師的工作。不過，由於這些外來衝擊往往包含頗多社會因素，且亦廣載於一般的教育評論，為著不令論點過份分散，以下的討論只集中於上述幾類人物對小學數學教育的影響。

作為最前線的教育工作者，教師便是把課程構想具體化的媒介，那麼，現時的小學數學教師的背景是怎樣的呢？這個問題並不容易回答，因為在一般的小學之中，很難找到一些被標簽成數學教師的人。原因非常簡單，目前小學教師大都需要任教多個科目，若要硬把任教數學科的老師説成數學教師，則會出現一些本年度是數學教師，但下年度便不再是數學教師的人。這種輪流任教的現象十分普遍，正因如此，小學數學教師一般缺乏專科教師的認同感，甚至數學科主任年年換角也不罕見，不難想像科務發展荊棘滿途。

雖然學校的分工未必強調專科訓練，但是在教育學院的訓練課程中，則設有數學作為學員的選修科目的。換句話説，在教育學院的畢業生中，是有一批以數學為選修科的，這一批畢業生接受了較豐富的數學和數學教學的訓練，是較理想的專科教師人選。很可惜，人力市場的供求形勢窒礙了這些人投身小學教師的行列。首先，中學的較佳升職條件令教師多不傾向選擇小學。而以數學為選修科之一的畢業生（目前教育學院學生是有兩個選修科的），便由於中學對數學教師的需求明顯比一些其他科目（如歷史、地理等）大而在市場上佔了優勢。結果，在爭相走向中學的情況下，較多的數學選修生捨小學而取中學。其次，數學科是香港中學會考中成績較好的科目，也就是說，考生獲得C級的百份比較其他科目為高，這亦催化了數學作為"槓杆"選修科的形勢。所謂"槓杆"選修科，是說申請入讀教育學院三年制課程時，必須具有兩個可選修的科目，而可選修的其中一種情況便是在香港中學會考考獲C級的成績，也就是說數學很容易成為一些一心選修術科（如家政、音樂、美術及設計、和體育）的申請人的踏腳石（湊拼成兩選修科）。這些選修術科及數學的學員，往往專注於術科之上，畢業後到中學任教術科（事實上有些術科如音樂，是長年人手不足的）。這種"槓杆"現象，進一步侵蝕了小學所能吸納的數學選修生。或許有人會寄望二年制數學選修生，可是這邊廂的情況更是糟透了。要滿足二年制選修數學，申請者必須具有兩科高級程度會考合格，其一包括純粹數學或應用數學。不過，能滿足這個要求，而又未能在其他專上院校成功入讀一些學位課程的考生少之又少，引致近年二年制數學選修生人數劇降至頗接近零（以羅富國教育學院為例，最近兩年已停辦了兩年制數學選修課程）！這個乏人問津的現象在數學科特別明顯，因為預科理科生的升學選擇明顯比文科生多，而理科生中又以數學組最為優勝，故此出現嚴重失衡。

由以上的分析，不難理解為何在有些小學內，連一位選修數學的教師也沒有，令數學科的教學工作發展蒙上陰影。

另一方面，督學、教育學院講師及教育研究人員則從課程制訂、視學和師資培訓的層面支配著小學的數學教育。在未成立"香港教育學院"之前，督學和教育學院講師的背景非常相似，且在教育署管轄之下有互通的升遷橋樑。在督學和教育學院講師這兩個體系之中，具有豐富小學經驗但沒有學位資歷的人（在過往的日子裏這些人佔了絕大多數）只可擔當督學、講師、或更低級的職位。縱使在職期間通過進修渠道獲取了學位，礙於一些制度上的不協調，也很難升上一些較高的職位。換句話説，在視學處、課程發展處和教育學院的高層之中，是十分缺少具有豐富小學教學經驗的人，這便導致小學教育的種種困難未能在政策制訂的過程中得到充份的反映，同時小學課程的變革也少了一股在教師行列以外的原動力。由於一向以來小學教師不必擁有學位，他們擠身於教育研究的行列更是非常稀有，因此，在教育界的圈子裏，長期未能形成一股關注小學教育的力量，致使在專業化的路途上小學教育舉步維艱。

總結

本文提及的課程和從業員，是小學數學教育領域之中，兩個互動的環節。清晰的課程綱領可對從業員產生強烈的指導作用，令教育質素更臻完美。同樣地，優秀的從業員隊伍不單可以有效地履行課程文件的指引，更可以擔當監察和改進課程的角色，把整體教育的成效推高一線。換言之，好的課程可引領從業員，而好的從業員也會推動課程改革，兩者互為因果。

在現行制度內，無論師資培訓或課程發展皆屬教育署的管轄範圍，而在目前較缺乏具豐富小學教學經驗的人參與高層決策的情況之下，不難理解由課程編訂、行政安排、以至教師培訓各方面所出現的種種問題。在1994年成立的“香港教育學院”或可帶來新的局面，不過對數學教育而言是福是禍則言之尚早。截至執筆當日，所得到的訊息是在“香港教育學院”的建制之內，中、英文科將成獨立的學系，而數學科則不會（和很多其他學科組成一系），這個藍圖明顯地跟一向以來強調中、英、數為重點學科的哲學背道而馳。

在知識爆炸的今天，課程制訂面對頗多的挑戰。一方面希望能使學生在指定時間內掌握更多的知識，另一方面卻要照顧普及教育帶來的學習差異。因此，課程取材必須精簡扼要、主次清晰、脈絡鮮明。很可惜，目前的中、小學數學課程重重疊疊，兼且主次不分，未能構成一個協調的數學課程主體。舉例說，比例、百份數及四邊形面積等皆同時存在於中、小學數學課程之內，而且兩者的學習層次不見得有明顯的差別；又例如《小學課程指引》中提出注意開發思維技巧如找尋規律、邏輯思考、假設及驗證等，卻沒有提及具體地如何實踐。

或許在解答芸芸眾多問題之前，我們應該先問一個問題：小學有數學教育嗎？在這個問題的背後，隱伏著分科和綜合教授模式的矛盾。如果我們朝著綜合教授的方向走，則專科教師的角色自然淡出，也就很難找到以推動數學教育為己任的小學教師。相反地，如果我們堅持專科老師任教的重要性，那麼，在師訓的安排上必須作出配合。首先，要確保有足夠的數學選修生投身小學；其次，要檢討沿用已久的行政安排 — 任何獲得教師證書的人皆可任教數學。

要改善小學數學教育，除了要有好的課程外，還得有高質素的數學教師。分科或綜合教授模式各有優劣，在原則上兩者皆可在小學推行。隨著社會對數學教學的質素不斷提高要求，數學教師的工作也越見艱辛，我們不禁要問：目前的教師證書課程所提供的通材培訓（即所有畢業生皆已接受有關中文、數學、社會、科學和健康教育各科的教學訓練），是否能滿足作為小學數學教師的需要？

在很多人心目中，小學生學數學只是學些簡單的四則運算和生活應用題，這個觀點導致人們普遍認為小學數學人人可教，也就是說，小學數學教師並非專業。不過當我們看到一疊疊的課程文件皆強調思維能力的培養，則很難想像這是只具有一般數學學習經驗的人所能掌握。現時的形勢就活像東主開了票，櫃員不兑現。由上而來的課程文件說得天花亂墜，但前線的教師卻像碰上丈八金剛，摸不著頭腦，試問又怎能成功地實踐呢？

展望未來的日子，重點工作應在如何提升從業員的素質。所謂“十年樹木，百年樹人”，這條道路是既曲折、且漫長，卻又是無法迴避的。

參考資料

[1] 香港課程發展委員會。《小學課程綱要：數學科》。香港：教育署，1983。
[2] 香港教育署輔導視處數學組。《小學數學教學參考資料》。香港：教育署，1992。
[3] 香港課程發展議會。《小學課程指引》。香港：教育署，1993。
[4] 香港課程發展議會。《目標為本課程：數學科學習綱要（第一學習階段）》。香港：教育署，1994。

本文經蕭陳鳳潔女士提供寶貴意見，謹此致謝。

9 中學數學課程改革：從第五組別學生談起

孫淑南

在1994年十一月，教育署及考試局轄下的各個數學科目委員會召開一次聯席會議，檢討現行的中學數學課程，其中一個重要的課題是探討進行課程改革的可能性及可行性。這已是該年內第二次同類性質的會議了。上一次會議曾議決組成一個工作小組，初步考慮進行課程改革各方面的問題，但最後因種種原因無疾而終。據聞推動第一次聯席會議的背後有這樣的一個故事：

1993年，教育署發表的《支援第五組別學校工作報告書》中，提出了各種可行辦法解決第五組別學校面對的困難，其中在第四章內，提出要為學習有困難的學生設計一個"核心課程"。"核心課程"的概念是將現行中學某些科目的課程大綱加以刪剪，從闊度及深度兩個不同層面去考慮，定出一個約佔原來內容百分之五十的基礎課程。被刪剪出來的，就作為課程的附加部份，各校可以自行選取適當的材料來教授學生。"核心課程"的原意是希望學生在少學一些的情況下，能更有效地學習及有更多時間去鞏固已學習的知識，同時亦可因課程難度下降，減少學習方面的困難。

數學科方面，由課程發展處召集數位資深中學教師組成一個工作小組，進行有關工作。但在工作進行中，部份成員發覺單純將現行數學課程刪剪的意義不大，其中最重要的一點是"核心課程"應是一個配合中學數學教學目標的完整課程，而非由幾個人閉門造車將一些零碎的數學知識湊合而成。數學科是中學的基礎科目，影響數十萬學生，實不應草率行事。這幾位教師因此提出應重新設計一個適合大多數學生的課程，由此促成了第一次課程改革的探討。是次課程檢討的源頭可以說是由如何協助第五組別的學生（或更一般地，學習有困難的學生）去改善學習開始的。但這些學生在學習現行的數學課程時為甚麼會出現困難？其他能力較佳的學生在學習上又有沒有出現問題？是否來一次課程大綱的改革就可以將問題解決？下文將就上述問題作初步的探討，並就這次數學課程改革提出一些建議。

構成學習出現困難的因素

我們可以從四個不同的層面去作探討：（一）學生質素，（二）課程大綱，（三）教師素養，（四）教學方法。討論將由第五組別的學生開始，希望能突顯出問題癥結所在。

學生質素

隨著九年免費及強迫教育的實施，不少以往被摒出校門的學生，現在也要被逼留在課室內，而第五組別的學生就是這一群學生當中學業成績最差的。他們除了知識基礎薄弱外，一般的特徵是自我形象低，缺乏自信心，容易因挫折而放棄努力。因此，如果他們在學習上得不到某程度上的成功感，就很容易會放棄學習，進而討厭上課，衍生出紀律問題。反過來看，課堂秩序差令到不少教師不能有效地進行教學工作，引致一些原本還有興趣學習的學生亦放棄學習，加入破壞課堂秩序的行列。現時在一些主要收取第五組別學生的學校裏，不少教師的精力大部份都花在課堂秩序的控制、處置違規學生及處理各項行政事務上，能有時間及精力去想辦法改善教學方法的，可說是少之又少。教學效果差自然會引發新的行為問題，因果相扣，結果情況越來越差。難怪有部份在這類學校任教的教師視上堂為苦差，在身心皆疲的情況下，離職人數及因病請假的次數都較其他學校來得多。以新界區某中學為例，1993–94 年度首六個月教師請假節數已超過一千節，不可謂不驚人，而同時離職教師亦有十二人，超過全校教師人數的五分之一。

要解決上述的困境，根本的做法是令學生對上課感興趣，提高他們的學習動機。傳統上以前途及出路來提高第五組別學生的學習動機效果不大。以上述中學為例，1993 年中三升讀中四的派位率只有百分之七點八，經極力爭取後，1994 年亦只得百分之二十，其餘大部份新界區中學亦只得一半或三分之二的中三學生能在原校升讀中四。在這種客觀條件下，作為教師又如何可以令大部份程度較差的學生專注於學習上呢？因此，課程的改革是刻不容緩，惟有一個與學生的能力及性向配合的課程，才可以令學生較有興趣學習。

課程大綱

現行的數學課程大綱有頗多值得商榷的地方。就以中一的課程為例，在第二單元中提出了“開句”及“數句”的概念，從而引入“方程”。教授“方程”是否要由“開句”開始，已甚有疑問，中一學生能否有足夠的成熟程度去分辨“數句”與“方程”之間的差異就更成疑問。再以中二的第七單元“三角關係”為例，要求學生（特別是學習能力較差的學生）証明一大堆看不出有甚麼用途的三角關係式，究竟有甚麼數學教育意義？

除了以上個別單元的問題外，現行課程另一個具爭議的地方是闊度問題。以中二為例，學生在一年當中，就要學習四個代數課題，四個算術課題，兩個幾何課題，兩個三角課題，還有統計及解析幾何各一課題！對於學生來說，正是一波未平，一波又起，還未有時間弄清楚某一個範疇內的概念，又被帶至另一範疇中。對於能力較差的學生來說，又如何可以令他們提起興趣來學習呢？螺旋式的課程編排除了引致闊度問題外，還有另一個後果。在這種課程的安排下，學生在學習部份課題時被認定已獲得一定的前提知識。問題是如果學生的前提知識學得不好，又或因時間相隔過久（例如一年前學習的）而遺忘，又或因所學課題的種類太多而產生混淆的話，學生在學習這些“後期”的課題時困難就更大了。

有人認為上述由課程產生的問題只出現在學習能力較差的學生身上，甚至有人更進一步指出無論我們為這些學生提供一個如何合適的課程也是徒然的，因為他們的學習能力太低了。對教育來說，這種想法是頗為消極的。如果我們認定學生的學習能力是不能因接受教育而有所改變的話，作為教師，將不能對學生學習的成敗有積極的影響：好的學生不用教，不好的學生不能教。普及教育的首要功能在於發展每個學生的潛藏才智，培育學生令他們在完成普及教育後，能達致一定的學業水平。問題在於我們需要一個切合學生的需要及能力的課程，合適的教學方法，以及質素高的教師去達致這個理想。“不能教”只是我們未能找到合適的路向及未盡力而已。

另一方面，現行課程產生的種種問題，早已有之，學習能力較差的學生只是將問題尖鋭化及多樣化。最近從數位在傳統名校任教的教師口中，得知他們也受這個課程困擾了好些日子，只是學生的公開試成績好，惟有將問題放在心裏。這幾位教師指出現行課程在一定程度上是太多及太闊了，以至他們沒有足夠時間可以教得深入些及精細些，只能夠將課文內的定理、公式及各類型的例題清楚地講解一遍，就要轉去另一個課題了。而有不少學生因為所學的內容太多，沒有足夠時間消化，為了有更佳的成績，惟有將大部份精力化在記誦公式、定理及各種樣板題目的解題方法上。經驗告訴他們，這樣的學習方式已能令他們在會考中取得優良成績，正是何樂而不為。數學用作訓練思維能力的功用被大大的降低了。在某著名中學中四文科班的一次數學測驗裏，有關老師從另一本教科書中抄了一道題目作為測驗題，結果只有少數學生能解答這道題目。派卷後，三數知己聚首，其中一位未能解答該題的學生抱怨説：“我已將書上所有練習做完，但其中都沒有類似的例題或題目，教我怎樣去解答呢？”而另一名獲得高分的同學卻高興地説：“好彩我的補習老師教過我！”悲乎？

教師素養

最近聽到了以下一件真人真事。話説某校一班中二學生正聚精會神地聽老師講解“複利”及“單利”在計算過程中之異同處。老師在黑板寫了一道例題：

〈例〉現有$10000，年利率5%，以單利及複利方式計算，問兩年後各得利息多少？

〈答〉(1) 單利方式

利息 = $10000×2×5% = $1000

(2) 複利方式

第一年尾所得利息 = $10000×1×5% = $500

∴第二年開始時的本金 = $ 10500

∴第二年尾所得利息 = $10500×1×5% = $525

其中一名學生立刻舉手說："呀Sir，點解以單利方式得出來的利息會比用複利方式計算出來的更多？""咦！係喎！點解呢下……"聽說該名老師用上超過十分鐘時間，仍未能加以解釋，幸好下課鐘聲使他有一個喘息的機會："下堂再答！"(補記：這名老師擁有一個大學學位，主修數學及電腦。)

現時不少人投身教育只是抱著打工的心態，甚麼"教學熱誠"、"教育專業"、"春風化雨"等等，在他們看來只是一堆四字詞語。使命感沒有了，就連"工作"中最"基本"的部份 — 教學 — 也是得過且過，因此方會出現上述的一幕鬧劇。在學校教育中，站在最前線的是教師，對學生最具影響力的也是教師。很多人都有這樣的類似經驗：求學期間最有興趣或成績最好的一科，往往是由於老師教得生動有趣。好的教師除了能令學生對學科產生興趣外，亦可潛移默化地教人，這不正是我們作為教師的最重要工作嗎？我們可以以第五組別學生的情況，來說明教師質素的重要性。上文亦曾提及這些學生的基礎知識不足，對正規課程的學習能力較差，容易放棄學習等等，除此之外，他們的專注能力一般都較低，記憶力欠佳，因此教師要為這些學生設計合適的教學方法及教學材料時，所面對的困難實非教育學院的訓練能夠解決的。這需要教師不斷從實際教學中自我反省，總結經驗，多參加研討會及進修班，聽聽別人成功的經驗以及留意本科的最新發展。問題是我們有多少這樣的教師？教學的執行有賴教師，因此，我相信無論我們有一個怎樣切合學生需要的課程，沒有優秀的數學教師，成效也將比預期為低。

教學方法

上課時，課題的內容必須經由授課老師以一定的方法或方式傳送給學生，我們稱之為教學方法。切合學生的能力及性向的教學方法會提高學習效益，反之亦然。現時最"通行"的數學教學方法（稱為"方式"似更恰當）是：講解課題上的概念，完整地在黑板上証明某個定理或導出某條公式（已用了半堂時間），演習例題，做堂課，給家課。如果能夠講解清晰，選取例題時亦能多花心思，偶爾發問一兩個能引發學生思考的問題，已可被稱為"稱職的數學教師"。問題是這種教學方法適合所有學生嗎？對於學習能力高的學生，我們有否提供或把握機會去訓練學生思考？對於學習有困難的學生，我們有否針對他們的特點作教學上的改變，例如只將重點精簡地教授及幫助他們重溫一些前提知識和技巧？除此以外，不同的課題有不同的要求，教授"解二次方程"的方法及著重點必然與教授"圓與切線"時有所不同。前者著重教授技巧，後者重視幾何直觀性的培養及訓練邏輯推理能力。要選用合適的教學方法，除了要求教師對各個課題有深入的認識外，還需要對不同的教學法有所瞭解。就以現時稍為熱門的話題 — "通達教學法"為例，不少人都可能早有所聞，但對這個教學法有確切認識又有多少人呢？使用不恰當的教學方法對那些學習能力高的學生來説，影響並不明顯（以公開試成績計算），還可能有意外的收穫：提高學生的"自學"能力。但對學習有困難的學生來説，影響幾乎是立即可見的：對有關課題採取放棄態度，甚至衍生出行為問題。

關於課程改革的意見

現時還在初步討論中的課程改革，應該被正名為"教學大綱"（syllabus）的改革，因為現階段還只是著眼於學生應該學甚麼，其他影響學生學習的因素，如教師、教學方法以至教科書等等，並未考慮。個人認為單純改寫現有的"教學大綱"雖然對現時數學教育面對的困境有一定的解困作用，但若缺乏其他因素的配合，成效必然大打折扣。就以數學教師為例，現時的人數比起八十年代初多了不只一倍。人數多了有甚麼問題？在過去的十多年間，香港經濟不斷起飛（從樓價的升幅可見一斑），功利主義抬頭，不少中學生報讀大學時，儘選一些"前途"好的科目，如工商管理、電腦工程、建築等，形成其他科目如數學等乏人問津。一位在大學數學系任教的朋友就曾慨嘆他們一年裏只能錄取到幾個成績稍為"似樣"的學生。這位朋友更感慨地說："教數學系學生的滿足感絕對不比在'通識課程'裏教其他學生數學來得高，其他院系學生不論基礎知識、思維能力、提出問題的能力等等都比數學系的好。"因此隨著數學教師的人數不斷增加，特別是不少經驗豐富的教師已移民外國，教師的素質問題就日益突顯。如果我們不正視這個問題，下一代教師的素質就更令人憂慮了。對於改善教師的教學質素，個人認為有兩個可行的辦法。其一是教育學院加開有關研習中學課程綱要的課程，讓教師對課程綱要的內容能有深切的瞭解，以便教師於授課時能將各個課題的重點清晰地向學生講解，提高教學質素。如能於此課程內研究如何就著不同課題使用合適的教學法及教學策略就更佳了。另一方面，待課程綱要重新擬定後，可以廣邀資深數學教師撰寫教案，編成一本教案集，供其他教師參考。雖然教學方法並沒有所謂標準，但我們在參考其他教師不同的教學方法時，定能收他山之石可以攻錯之效。除此之外，又可由有關當局邀請教育學院的講師編寫一本數學教學法小冊子，以大量例子說明在不同課題中使用不同教學方法的優劣處，供教師參考。其實不少教師亦希望能改善教學質素，只是缺乏實質的指導及材料，如果我們能從不同的渠道提供協助，相信必會受教師歡迎。

至於課程大綱的修訂，情況比較複雜，相信非經長時間的討論及研究，不能有一初步的定案。現時所討論的其中一點是學生在普及教育下應學習那些數學內容。例如有教師指出"三角方程"及"三角恒等式"沒有甚麼教育意義，理應刪除，亦有教師提出應將大部份有關"解析幾何"的內容放在預科課程中。無論如何，我們都希望得出一個人人可學的課程綱要。個人認為我們不必要因學生程度下降而將課程更改得過於淺易，只要將一些不合理的地方加以改善，例如一年當中不要同時學習太多不同類型的課題及將課程綱要中各個部份重新安排得緊密些，並且刪除一些在普及教育下沒有多大教育意義的課題及將一部份課題放在"附加數學"或預科課程中，以便騰出更多空間和時間去為學生打好基礎及訓練他們的思維能力，如抽象能力和解題能力等。 再配合其他影響學生學習因素的改善，我們定能打破現時的困局。只是談何容易，惟有各數學教師多提意見，集思廣益，我們的下一代才能夠更愉快及更有效地學習數學。

10 少者多也：普及教育中的大學數學教育

蕭文強

大盈若沖，其用不窮。

老子·《道德經》

To see a world in a grain of sand
And a heaven in a wild flower

William Blake. *Auguries of Innocence*

自從七十年代後期香港中小學普及教育揭開了序幕，不少關心教育的人便意識到大學普及教育將隨之而來。即使當時大家不一定預見到九十年代大學學額的急劇增加及由此衍生的後果，至少當時大家已經想像得到八十年代中期以後進入大學的新生，不論在學習經驗和習慣，或者對自己前途的期望和志向，與以前的學生是有分別的。果然，到了八十年代後期，不少大學教師在課堂上已經感覺到這種轉變。到了九十年代初，由於大學學額激增，再加上其他社會因素的影響，這種轉變不只越來越明顯，並且對課程策劃和課堂教學造成極大壓力。時至今日，這種壓力已經達到不容忽視的地步，問題已經無可迴避了。

回顧中小學普及教育的歷程，比對大學普及教育面對的問題，不禁使人瞿然以驚，因為我們很可能重蹈覆轍！在很多教育決策者和教師的心目中，普及教育必然意味程度低落和成績下降，解決辦法只有兩個。其一是把課程內容"稀釋"，以求降低對學生的要求，不求深究的"處方式"例行工夫可以保留，要求思考辯解的內容可減則減。其二是加強督促學生學習的手段，以求學生因為功課多了測驗多了便多溫習，多溫習便記得牢。易於測試又方便評核的材料往往就是一些不求甚解也可以回吐的"硬知識"，於是這兩種辦法正好不謀而合，而教育則淪為毫無樂趣的滿堂灌工夫，而且灌下去的還看似是零散的資料，僅用以應付考試，考試過後也就可以馬上忘掉了！從教育總體效果的角度看，這樣做是不對的。現代社會趨向開放、多元化、資訊流通和高科技發展，它要求每一位公民具備一定的知識、技能和素養，能吸收也能分析事物信息，又能綜合和表意，非僅機械化地執行指令而已，此即所謂民智。為求廣開民智，普及教育的推行不只必須，而且它對學生的要求絕不比以往精英教育的要求為低。再者，為了遷就學生而片面降低對學生的要求，只會縱容一種好逸惡勞和見難即退的心態，導致人的素質下降，這種做法與普及教育的宗旨實在背道而馳。

數學這門學科面對大學普及教育帶來的轉變，問題尤見嚴重，因為本質上數學是高度抽象思維的學科，如果撇除了思考辯解的內容，還剩下甚麼呢？既然不能"稀釋"，但又的確面對很多學生吃不消現行課程這個實際局面，我們要怎麼辦呢？我不諱言這是一個大難題，我只知道"處驚不變"的做法肯定要失敗。以下我打算拋出一點想法，提出"少者多也"這個教學思想。其實，即使教育制度沒有改變，以下要說的話還是成立的，只是普及教育實施後，這種想法更形貼切。（我借用了"少者多也（Less is more）"這個口號，它原來是由三十年代 Bauhaus 建築學派大師 Ludwig Mies van der Rohe 提出的。）

"少者多也"

"少者多也"這句話，語意上似乎自相矛盾，既云少又何來多？其實我們要說的是："授課內容的材料是少了，學生學到的卻反而多了。"有人會問："教少了不等於學少了嗎？"如果教師在課上講授多少學生頂多學到多少，那麼這個問題的答案自然是對的，但在大學教育中我們最不想見到的正是這種現象；在大學教育中我們希望培養學生的求知意欲和自學本領，教師在課上講授多少不應該成為學生學到多少的上限。可惜很多時候我們或者不自覺或者一番好意給予學生過多照顧，讓學生得來一個印象，教了多少學多少便成。我們沒有放手讓學生自學，也沒有留給學生充裕的迴旋空間，我們誤以為把課程塞得滿滿的，學生即使吸收了四成也算不枉讀了這門課了。"少者多也"的反面是"多者少也"，Albert Einstein 説過一句話正好作為它的註腳："不勝負荷的加重〔課程內容〕只會導致膚淺的認識（Overburdening necessarily leads to superficiality）。"[1] 只考慮課程要包括這樣那樣，到頭來是帶領學生走馬看花遊一遍"數學博物館"，單是展品標簽上的名字已夠瞧的，如何有時間細讀展品的解釋，更遑論欣賞展品本身了！結果本來對展品感興趣的人感到不夠味道，本來對展品還感興趣的人失卻了興趣，本來就對展品不在乎的人更加不用説了。即使對展品加以解釋，如此匆匆掠過，能聽進去的又有多少人呢？

我們把過多材料塞進一門課裏，理由只有兩個：（一）出於一種對學科的"良心"，沒有讀過這條那條定理的話，怎麼算是讀了這一門課呢？（二）出於一種對學生前途的"責任感"，要是將來學生需要用到這條那條定理卻沒有學過，那怎麼辦呢？這種良心和責任感很容易擴大，尤其碰上那門課是教師本人的愛好，它就更容易膨脹了。結果是教師馬不停蹄，學生囫圇吞棗甚至置若罔聞，於是一切苦心均屬徒然！其實上述兩種想法都撇開了最主要的一點，即是我們要教的是學生而不單是要教這門那門課，我們要關心的是學生能否從課中得益而不單是他們將來需要用到這種那種知識。曾經有人尖酸戲謔説："既然學生通常只記得授課內容的四成，為了使學生合乎資格，只用把授課內容增加至百分之二百五十可也！"但每一位數學教師心裏都明白，如果教了十條定理學生就只懂那十條定理的話，教書還有甚麼意思呢？不過，授課內容也不可以不理會，勿論我們要培養學生具備怎樣的品質和能力，我們總需要某種知識內容作為教育過程的介質。況且，教育目的之一，正是要培養每個人面對雜沓紛紜的知識和資料時，善於整理、鑒別、消化和運用這些知識和資料。因此，就著一門課的內容討論"少者多也"這種教學思想，不只有意思，而且是必要的。

"少者多也"的實例

讓我們取大學一年級基本線性代數課作為一個例子談談"少者多也"。先此聲明，我只想以此為例討論一種教學思想，我並不是要在這兒專門討論線性代數課程，讀者切莫把這一節看作是一個線性代數的課程大綱。

雖然學生在中學時代不一定聽過二維或三維歐幾里得空間這些名詞，也不一定見過 R^2 或 R^3 這些記號，但他們一定熟悉這兩個具體空間的若干幾何性質。從這兩個具體實例推廣至 N 維歐幾里得空間 R^N，再推廣至抽象的向量空間（亦稱作線性空間），在認知過程上絕非輕而易舉。身為教師者都是"過來人"，而且是"成功的過來人"，卻往往忘記了自己身為學生時那種掙扎，以為這種推廣是自然不過，於是三言兩語即交代了向量空間的定義，接著推導出一系列向量空間裏元素之間的關係和屬性，不消多久更上一層樓，線性相關、線性無關、基、維數、等等新概念排山倒海而來，因為接下來還有線性變換、矩陣、秩、等等更多更有趣的課題等著討論呢。但是，不少學生在這個起步階段已經掉隊了，一部份索性放棄，另一部份只好倚靠不求甚解的背誦來應付，越來越覺得數學沒有甚麼意思。哀莫大於心死，不懂這條那條定理事小，這種對數學的誤解和抗拒事大，它不單影響了學生的學習，如果他們將來當了數學教師， 它的影響還要延續下去呢。

其實，從 R^2 和 R^3 推廣至 R^N，對初學者來說是踏出第一步；再從 R^N 推廣至抽象的向量空間，是踏出第二步。每一步都不是一蹴而就，尤其第二步更涉及從公理系統這個角度觀物，對不少學生來說是嶄新的經驗，比起第一步是難多了。按照 Guershon Harel 和 David Tall 的術語 [2]，第一步只屬於"拓展式一般化（expansive generalization）"，明白了（a_1, a_2）和（a_1, a_2, a_3）的幾何意義後，要想像（$a_1,\cdots, a_N$）是甚麼還算有跡可循；第二步卻屬於"重建式一般化（reconstructive generalization）"，並非只是對已擁有的知識結構添枝加葉，而更要求對已擁有的知識結構進行重建。如果過不了這一關，學生只好把新學到的事物作為“硬知識”接受，雖然定義琅琅上口，卻沒能把它跟以往學過的事物關連起來，納入不了自己的知識結構當中。這樣的推廣只能叫做“不連貫的一般化（disjunctive generalization）”，憑死記硬背，很難記得穩，更遑論活用。明白了這一點，我們便知道在規定的課時內傳授最多的知識不是最有效的教法，尤其在開首的時候更不應該操之過急，應該讓學生多看一些實例，在別的學科（例如微積分的微分運算就是一種“線性化”思想，本身既是例子，而線性微分方程更是歷史上導致線性代數理論產生的一個泉源）或者在中學時代曾經見過的實例（例如多元一次聯立方程與二維三維空間中直線或平面的幾何性質）則更佳，好讓學生從容不迫地建立自己的知識結構。我們可以從各種不同的“線性”問題引導學生明白向量空間的抽象概念如何產生，公理化手法有何優點，直至向量空間的定義呼之欲出，自然水到渠成。這樣做，看似教少了或教慢了，但學生卻可能學多了。不要忘記，大學數學與中小學數學最不同的地方，可能就是大學數學注重定義和證明，所以在定義上多花時間也是應當的。提到定義，不如取線性無關為例多談幾句。一般書本都是這樣定義線性無關：N 個向量 $x_1,\cdots,x_N$ 稱為線性無關，是指不存在非零純量組（$a_1,\cdots,a_N$），使 $a_1x_1+\cdots+a_Nx_N=0$。雖然這個定義精簡扼要，但對初學者來說是夠神秘的，我們不妨把它引申一下，無謂匆匆掠過。其實，它要說的是 $x_1,\cdots,x_N$ 當中任何一個向量都不能寫作其餘 $N-1$ 個向量的線性組合 [3]。以幾何眼光看，即是說任取其中 $N-1$ 個向量，跑遍全部由它們產生的線性組合，也沒辦法製造出來那給撇下的一個向量，所以那一個向量是“突出”於其餘 $N-1$ 個向量生成的“空間”之外。（在這兒或者應該加一項按語。幾何眼光固然十分有益，很多時候能輔助理解，但我們要明白每個人腦子裏的知識結構不相同，思維方式也不相同。對某些人來說，幾何表述反而遠不及數式表述來得清晰易明呢。我要強調的一點是：每一個人必須自己建立自己的知識結構，別人只能從旁協助。）既然那個精簡但不自然的定義與後面説的定義是等價，為甚麼要把它寫成那個形式呢？原因是那個精簡定義才容易驗算。若給定一組向量 x_1, x_2, x_3，要驗算它們是否線性無關，按照後面説的定義，你必須先驗算 x_1 可否寫作 x_2 和 x_3 的線性組合，然後驗算 x_2 可否寫作 x_1 和 x_3 的線性組合，再然後驗算 x_3 可否寫作 x_1 和 x_2 的線性組合，但其實你只需驗算 $a_1x_1 + a_2x_2 + a_3x_3 = 0$ 有沒有非零解（a_1, a_2, a_3）便可，而那只不過是機械化計算。弄清楚線性無關定義的含意，對於掌握接著來的概念，如基、維數、秩等等是很有幫助的。

"少者多也"並不等於把原有課程內容砍掉四分一、三分一或者二分一就算了，當中主要有個裁剪的問題。授課內容的材料是少了，卻不能沒有高潮。譬如説，基本線性代數課裏，特徵值及其應用是一個高潮，前面講解的種種只為了設置用來上演這齣好戲的舞台。明白了何謂向量空間和線性變換，才能仔細分析某些線性變換的結構，於理論於應用而言那才是中心問題。如果我們只砍掉而不裁剪，弄不好變成單單建立了舞台卻不唱戲，觀眾又怎麼會滿意呢？反過來説，如果觀眾預先知道唱甚麼戲，或者他們更有耐性觀賞舞台的建立呢。介紹了特徵值後，又面臨另一個"少者多也"的刪節問題。運用特徵值理論研究矩陣（線性變換）標準型，要完完本本從頭至尾交待一次，恐怕在課堂的時間限制下只能走馬看花，但完全不討論又變成不唱戲。一個中間落墨的做法是仔細討論一個特殊情況，最好能保留基本思想，只是簡化了技術方面的考慮。在這兒可以討論 N 維向量空間上線性變換有 N 個兩兩不同特徵值的情況 [4]，主要的基本思想已經在這個特殊情況出現，可謂"在一粒沙子裏看見宇宙，在一朵野花裏看見天堂" [5]。好學深思的學生自然不滿足於這個特殊情況，要追問如何拓展思路和技巧，那就提供一個師生交流的好機會。減少了授課內容的材料不會妨礙富數學才華的學生的發展，反之，如果我們但求學科完整，不顧學生吸收與否，企圖完完本本介紹矩陣標準型理論，大部份學生可能連主要的基本思想也捉摸不到，只學來幾個名詞，考試過後也就忘掉。

大盈若沖，其用不窮

在前面兩節我解釋了"少者多也"的意思，並且通過一個例子說明如何實踐這種教學思想。從某方面說，前面說的好像頗"消極"，更貼切地說，是以"多者少也"間接說明"少者多也"的重要。但其實"少者多也"還有它的"積極"一面，即使撇開學生能應付多少材料這個問題，教少了反而會學多了。以下我們分四點談談。

首先，雖然人的記憶系統可以容納相當大量資料，但要有意識、有結構地專注於某一部份資料，卻不能兼顧太多了。積累知識的過程也就是一個濃縮知識和重組知識的過程，這樁工作是否做得好，得倚靠一種對知識結構的主次層面的判斷，於數學而言不妨稱它作"數學品味"。缺乏這種品味的學生會把課上講授內容看成件件同樣重要，但件件同樣重要便有如說件件同樣不重要。同時，因為專注力分散了，要樣樣記得只好靠背誦；又因為看不到中心思想，便難以靈活運用學了的知識。如果授課內容的材料少了，沒有那麼多枝節分散學生的注意力，他們較容易看到中心思想，數學品味較容易給培養起來。枝節乃屬錦上添花，大可留給學生自行探索，量力而為。圖書館裏參考書籍多的是，有興趣者大可隨意涉獵，進了大學而不懂得利用大學圖書館，只把它看作是一處溫習的清靜所在，豈不是如入寶山空手回？

其次，授課內容的材料少了，功課和測驗少了，學生才有更充裕的時間和更寬敞的思考空間去玩味學了的東西，去建立自己的知識結構，去尋找主次分明的全局觀。要塞滿一門課倒不難，要恰當留有空間並誘導學生善用空間則絕不容易，借用一位國畫名家的話："有相皆是假，空處最難描。"但學生正需要這樣的空間去成長，能善用這些空間便能達致"少者多也"。

再者，要灌輸的"硬知識"少了，便有時間顧及學生的表意能力。現時不少學生的推理邏輯及語文表達力很薄弱，這其實顯露了含糊混亂的思路和缺乏“思想衛生”的頭腦。也許是受到自中學以來考試方式的影響，不少學生習慣了想到甚麼便寫甚麼，管它跟題目有關與否，也管它前後次序顛倒與否，反正改卷的人按評分標準的要點給分數，只要答案中某處出現該要點便有機會得分了！上了大學後不少學生依然故我，東拉一句西扯一句，不要説是否合乎推理邏輯了，有時簡直談不上文意連貫！等而下者更企圖混水摸魚，開始時抄下題目的假設，結尾時抄下要證明的結論，中間胡亂寫一些有關無關的東西，然後神來一筆“由此而得…”即把首尾連接起來！固然，數學思維並非僅僅推理邏輯，但推理邏輯是不可缺少的訓練，André Weil 説得好：“嚴謹之於數學家，猶如道德之於人（Rigour is to the mathematician what morality is to man）。”知之為知之，不知為不知；何謂猜想？何謂定理？必須分得一清二楚。每寫下一句話，應該清楚曉得自己在説甚麼，如果連自己也交代不了，即是未經深思熟慮。自己以為明白了尚且可能有謬誤，何況連自己也覺得糢糊的，又焉能作為斷言呢？Francis Bacon 説：“讀書使人淵博，談論使人機智，寫作使人準確（Reading maketh a full man. Conference maketh a ready man. Writing maketh an exact man. [6]）。”一般教育如是，數學教育亦然。大學數學教育中應該注意讀、講、寫三方面的訓練。授課內容的材料少了，教師可以有較多時間花在這些方面，又是“少者多也”。

最後不能不提到數學教育的目的，多年前我讀了王梓坤教授的好書《科學發現縱橫談》[7] 後得到啟發，在一次給教育學院師生的講座上談到數學上的“才、學、識”[8]。這個提法源於清代文學家袁枚的話：“學如弓弩，才如箭鏃，識以領之，方能中鵠。”才、學、識正好借用以概括三項數學教育目的，即是（甲）思維訓練、（乙）實用知識、（丙）文化素養。於數學而言，才是指計算能力、推理能力、分析和綜合能力、洞察力、直觀思維能力、獨立創作力等等；學是指各種公式、定理、算法、理論等等；識是指分析鑒別知識再經融會貫通後獲致個人見解的能力。單是學的傳授，僅是狹義的數學教育而已，才、學和識三者兼顧才是廣義的數學教育。這種廣義的數學教育不把數學僅視作一件實用工具，而是通過數學教學達至更廣闊的教育功能，包括數學思維延伸至一般思維，培養正確的學習方法和態度、良好學風和品德修養，也包括從數學欣賞帶來的學習愉悦以至對知識的尊重 [9]。普及教育裏的數學教育，從小學、中學以至大學都應該強調廣義的數學教育，教師不必著眼於學生懂多少條公式和多少條定理，教師應該更關心如何提高學生的學習動機和興趣，增強教學內容與日常生活或者以往學習經驗的關連，激發學生的本有潛能讓他們自我成長，培育學生的獨立思考和批判反思能力，使學生能欣賞到數學的文化魅力，或者説，恢復了數學的"自尊" [10]。當然，這種種長遠目標要實現，有賴潛移默化的工夫，僅僅知識傳授是達不到的。Albert Einstein 曾經打趣説過："如果一個人忘掉了他在學校裏所學到的每一樣東西，那麼留下來的就是教育。（Education is that which remains, if one has forgotten everything he learned in school.）" [11] 固然，我們可不能完全按照字面意義來理解這個比喻，但它卻以推至極端的語調道出了"少者多也"的精神，頗合乎老子的"大盈若沖，其用不窮"[12] 的意思。如果能做到"少者多也"，學生將會一生受用。

參考資料

[1] Seelig, C., ed. *Ideas and Opinions by Albert Einstein*. New York: Crown Publishers Inc., 1954, p. 67.

[2] Harel G. and D.O. Tall. "The General, the Abstract and the Generic in Advanced Mathematical Thinking." *For the Learning of Mathematics* 11 (1991), pp. 8–42.
D.O. Tall, ed. *Advanced Mathematical Thinking*. Dordrecht: Kluwer Academic Publishers, 1991.

[3] Leung K.T. *Linear Algebra and Geometry*. Hong Kong: Hong Kong University Press, 1974, p. 20.

[4] 同上，246–247頁。

[5] 中譯文出於《布萊克詩選》。北京：人民文學出版社，1957，91頁。

[6] Bacon, F. "Essays, Civil and Moral and The New Atlantis." In *Harvard Classics*, Volume 3, C.W. Eliot, ed., p. 122. New York: Collier & Sons, 1937.
中譯文出於梁實秋，譯註。《英國文學選》，第二卷，1277頁。台北：協志工業叢書，1985。

[7] 王梓坤。《科學發現縱橫談》。上海：上海人民出版社，1978。

[8] 蕭文強。“數學、數學史、數學教師。”《抖擻雙月刊》53期 (1983)，67–72頁。

[9] 蕭文強。“數學史和數學教育：個人的經驗和看法”。《數學傳播》16卷3期 (1992)，23–29頁。

[10] Fung, C.I. and M.K. Siu. “Mathematics for Math Majors : Loss of Its Self-esteem.” *Humanistic Mathematics Network Journal* 9 (1994), pp. 28–31.

[11] Seelig, C., ed. *Ideas and Opinions by Albert Einstein.* New York: Crown Publishers Inc., 1954, p. 63.
中譯文出於趙立中、許良英，編。《紀念愛因斯坦譯文集》。上海：上海科學技術出版社，1979，70頁。

[12] 老子《道德經》。
《老子・列子》，諸子百家叢書。上海：上海古籍出版社，1989。

11 難易之間：數學教與學的一些感想

陸慶燊

不少人感到數學是他們最不行的一門學科，以致他們害怕任何形式的數學推理甚至普通的數學語言。這樣，數學方法反而成為他們難以克服的心理障礙。但想想：一個孩子學懂加減乘除，實在也是一件毫不容易的事情，只是我們自己不知如何學懂了並時刻運用。現在如果無論我們怎樣教導孩子，他仍茫然的話，我們就覺得再不耐煩也沒有，心想或口說："怎麼這樣容易也不明白！"

這難與易之間，實在是一個很有趣的探討範圍。在這方面的深入思考和仔細試驗，大抵能令我們更瞭解數學教與學的一些基本問題和心理因素。我深信：如果學生能在高等數學中，確切體驗到從難到易的經歷和趣味，他們的思辯力和思考信心都會大大增強。不過，以下我只能提出幾點個人感想，作為極初步的探索。

"容易"的不一定容易

當我們明白和熟知一個數學課題時，我們很自然地認為應該是一目了然。也許我們忘記了從初學、到吸收消化、及至融會貫通所經歷的困難，也許我們不願意表白自己曾經付出過太大的氣力，又也許我們相信數學本來就是純邏輯性、明顯無疑的。總之，我們認為課題"容易"。

但“難、易”本身不是一個純邏輯性的問題，而相當程度是一個心理問題；領悟、掌握更是心智過程。所以，教導數學時，假如執著於不容置疑的數學命題，而忽略數學以外的心理因素，很容易會妨礙學生的進展。實際上，縱使課題是明明白白的，論述也清清楚楚的，似乎一切都為學生做到很容易了，但學生是否感到容易，則可能是另一回事。

或許可以這樣假設：重要的數學必定不容易。雖然是用最直接、最顯明的敍述，但當中蘊藏著重要而微妙的環節，就算是聰敏的學生，初學感到容易，卻未經深刻的學習，“容易”的感覺可能是空虛的。

教導數學的一個極難的地方，我想是在於能夠感覺到學生心智過程的同時，把重要的數學展示出來，使學生親身領悟到和掌握到，以至他們也覺得課題來得容易、自然。但這談何容易！

“一句也聽不懂”

數學本身實在不易理解。首先，數學所研究的“東西”（mathematical objects）是抽象的、一般性的。這些“東西”中存在著的現象和它們所構成的數學體系也都是抽象的，不易觸摸的。其次，數學有它自己的語言和符號。一字一句都有特定的意義，一個簡單的符號可以代表一個非常複雜的“東西”。還有，數學是極其嚴謹的，以至它每一命題都不輕易生動地釋義。結果是：如果學習的人不是心中明白，實在會一句也聽不懂。其他學科的情況大概沒有那麼困難；至少它們如果不是研究現實問題（如自然科學）就是用日常語言（如社會科學），或者容許直觀的、概括的闡釋。就是門外漢，大概也聽得出一些意義來，但數學就絕不客氣了。

數學的冷漠，想來又很有原因的：數學的重要概念，都經過最好的數學家琢磨再琢磨，抽象再抽象，想到“絕”了。兩個突出的例子是微積分的嚴格化和代數幾何的抽象化。先說微積分，我們大概都沒有Newton, Leibniz, Euler等的本領，但他們手中的微積分還嫌未夠嚴謹，其後經很多傑出的數學家把實數的基礎穩固，把極限的概念弄清，把依賴幾何直觀（即依賴圖象）的論証去掉，才得到現在課本中嚴格的分析。要在短短的學期中，把極優秀的數學家苦心思索的結果作為開始學習的基本概念，學生焉能不感到其高不可及？當然，學生要是心中明白，又自然地給那冷靜高遠的思辯所迷住，彷彿接觸到人類思考至高至美的境界。但是，要學生心中明白才聽得懂，豈不是一個難以解決的矛盾？第二個例子亦復如是。古典的代數幾何在上世紀末得到意大利數學家Enriques, Castelnuovo, Severi大大的發展，但他們發現的定理，有一些証明不很完滿。要等到Hilbert, E. Noether在抽象代數裏發展了有力的工具，再經van der Waerden, Zariski, Weil等卓越的數學家的努力，代數幾何才得到穩固的代數基礎；跟著更有Grothendieck提出極深刻的抽象化，把代數幾何整個面目改變了，代以一套嶄新的語言，但原本的幾何直觀也給隱藏起來。要是缺乏幾何觀點或對原來背景沒有認識，那套抽象語言就不知所云了。

"一步也不易行"

數學是一門要求參與的學科。就像我們上體育課，單是觀看別人運動對自己的體能沒有多大得益。同樣地，要得到數學思考的能力，便得自己嘗試解決數學的問題。

數學習題顯然是數學教學中極重要的一部分。能否把習題做好是一個可靠的標準來測試瞭解課題的程度。不單如此，很多時候，我們似乎明白了課題，甚至看到論証的每一步頭頭是道，到自己做起習題（特別是非例行的習題）時，卻一步也行不了。

不過，解習題是一個心智過程，固然有其心理因素，更何況習題是編出來作課題練習的，（就算是考試題目，也是在特定範圍內可解的），於是，解習題就像猜謎語一樣。猜謎語這個提法比較輕鬆，也許能誘發興趣，和幫助學生克服害怕做習題的心理障礙。還有，謎語的答案是謎語趣味的重要部分，所以我覺得要讓學生在努力嘗試後知道確切答案。與其令學生因為想不到謎底而感到挫敗和不安，倒不如讓他們知道謎底而一笑置之，更重要的是要他們學到謎語的把戲，因為數學裏實在有不少這樣的技巧，一時間誰也沒有把握想到出來，但知道了，又很管用。

當然，懂得解習題並不等於懂得解決數學中懸疑未決的問題。要解決這些問題就是向前行一步也不容易，當中的困難也許不是心理障礙的問題，除非我們走進"人類智力究竟能到哪裏"的討論，而這討論可能是徒然的。反過來說，數學吸引的魔力之一就在於料想不到研究者將來可能走出的下一步。

犯錯的"理由"

嬰孩學步，必曾跌倒，但其成功時，就充滿喜悅。數學思維既是精深靈巧，又怎能避免犯錯？但我們作為數學老師，似乎容易對於學生的錯誤很不寬容，原因也許是數學錯誤比較容易斷定，且像冒犯了數學的嚴謹性。

但很可能在學習數學的每個階段，都有些容易犯的錯誤。這些錯誤甚至會是很"自然"或很有理由犯的，比如說，與我們腦袋運作過程，或與我們慣用的方法有關。我想如果我們能確切認清這樣的錯誤，並適當地處理，則學生從難到易的過程便順利得多。

從加減乘除到微分積分，從計算到推理論証，都可以從教學經驗中，累積一些"幾乎必犯"的錯誤。舉例說：沒有檢驗除數非零，沒有考慮好函數的定義域，沒有核對推論所需的條件。除了說"疏忽大意"之外，這些錯誤亦反映出我們日常思維的陋習。實際上，人們日常推論的嚴謹程度是很有疑問的，只因沒有數學論証那麼單純，以致不易確定謬誤。況且，日常討論的是現實問題，非限於推理的範疇，反過來說，數學中的錯誤就不容抵賴了，所以是一個極好的訓練，不只讓學生真正嘗試嚴格的思維，更懂得承認錯誤。要做到這點，又不使學生因困難而感到沮喪，實在需要多顧及學生學習的心理因素。

究竟我們在學習的過程中可以有多嚴謹呢？首先，如果解釋過份仔細，敍述便會太沉贅，符號也會太複雜，以致不能理解。其次，我們理解大概是需要一些近似的比較、模糊的形象，和一些潛意識的腦部活動，這些每每都引入誤解、偏差和謬誤。舉例說：學習線性代數，我們需要有平面和空間的圖象，否則我們連瞭解線性空間的維數也成問題；但是四維或以上的線性空間，我們又只能有不完整的或意念上的圖象，所以必須依賴嚴格的定義和推理；要理解這推理的時候，比較二、三維的現象和作高維的示意圖是有幫助的，卻又是容易犯錯的。

其實，在學習過程中，犯錯和改正是很重要的一環。對學者來說，要嚴格地認清自己錯誤所在，才能真正肯定甚麼是正確的。除了弄清楚做習題所犯的錯誤，也可以在看定理證明前，嘗試自己給出証明，那就可以發現犯錯是多麼容易了；到看定理証明時，就更能體會到當中的理由。

定理的發現和求証，並不是一蹴即至的。數學史上有名的數學家也曾犯過有名的錯誤：如 Kummer 給 Fermat 大定理（不存在 $x^n + y^n = z^n$, $n>3$ 的整數解）的錯誤証明。甚至不久前Wiles給這“定理”的証明，現在知道當時還差一步。又如 Riemann 証明他的映射定理時，忽略了一個極小函數的存在性。不過，數學家們曾從這些錯誤或漏洞學到重要的課題。這裏，值得我們探討的是嚴謹理論後面的思考、想法和嘗試：Riemann 映射定理可以用物理學的觀點導出，（於是其正確性幾乎是客觀事實）；而 Fermat 如何得到他的定理則是極大的謎，（這“定理”至今還未有公認完備的証明，但它所涉及的深刻數學是驚人的）。穩妥的邏輯論証並不能全部反映數學的思維。這思維過程我們認識不深，但它是有活力的，有創造性的，卻又是容易叫人犯錯的。

數學的感覺

以上反覆地講數學的難處，為的是尋找它的困難所在和所以然，希望能較靈活地處理和克服，從中得到對數學更深的理解和趣味，而不是因而心灰氣餒。但我們必須考慮相對的現象，就是我們真切明白一個數學課題時又會感到該課題淺易自然。究竟我們怎樣看到、觸摸到，或應該說理解到、掌握到數學呢？

很多數學家都提到數學上的直覺和感覺。Poincaré [1] 描述過兩種數學直覺：其一是借助感官和想像力的幾何直覺；以 Riemann 為例："他每一個構思都是一個形象（image），任何人只要捕捉到其中的意義，都必不會忘記。"另外一種直覺不用借助感官或想像，而直接從內在感覺到甚麼構成一個數學論証的核心，以 Hermite 為例："他從不用感官意象（sensuous image），但最抽象的個體，對於他都像有生命一般。"以上的幾何直覺和解析直覺代表兩種思維傾向，有趣的是 Poincaré 認為每個數學家都是天賦其中一種思想形態。無論如何，Poincaré 非常肯定直覺在數學教學中的位置："沒有直覺，年輕人在理解數學時便無從著手；他們不可能學會喜愛它。"至於數學的感覺，Kodaira [2] 有以下的講法："理解數學就要觀察數學現象。這裏說觀察不是用眼睛去看，而是根據某種感覺去體會。這種感覺雖然有些難以言傳，但顯然不同於邏輯推理能力之類，而是純粹感覺。"他甚至認為；沒有這種數學感覺的人不懂數學，就像五音不全的人不懂音樂一樣。

聽來雖似玄妙，但這些說話亦給我們很大的啟發。我們習慣的是機械式的學習，簡單記憶、重複運算、驗証步驟、整理組合。這些還是非常重要，但我們更要培養和發展對數學的感覺，我想這感覺是很個人的，我們不一定要追尋 Poincaré 或 Kodaira 所描述的那些直覺或感覺，一來因為我們未必清楚他們所指的是甚麼，二來如果思維傾向果然是天賦的話，我們也未必清楚自己先天如何。但有兩個指引，我們對數學的感覺須令我們（一）真切理解數學，和（二）喜愛它。

用較淺白的話來説，我們必須感覺得到我們要明白的數學對象（mathematical objects）和現象，幾乎作為客觀事物般，可以觀察、實驗。我們亦須感覺得到數學論証是活生生的求知過程，當一步一步循著証明走時，像感到一位睿智的數學家告訴我們他一次探索成功的經歷，要是我們不服氣，也隨時可以叫他住口，試自己走下去，甚至另闢途徑。必須有這些感覺，我們才有興趣學習這困難的數學，才可以付出數學所要求的高度專注。反過來説，沒有這些感覺，我們很難增強我們對數學的敏鋭程度，亦很難對所學的有全盤的洞察力。

其實，我們或多或少總要對所學的數學課題有一些感覺才能聽懂下去，並要對所學的數學方法有一些感覺才能自己走下去，否則真的可能一句也聽不懂，一步也行不了。還有，這些感覺更是我們決定思路走對了還是走歪了的一個重要依賴。對於數學家以不完備的証明找到正確定理的情況，通常都以他們的感覺作為解釋。另外，如果數學論証全部用邏輯符號寫成，那固然最穩妥，但將沒有人看懂。現在我們學的証明，由於保留著用日常語言並有時跳過太明顯的步驟，實際上假設和利用了讀者某程度的感覺。如果我們不備有這個感覺，亦肯定不了論証的正確性。

誰有數學的感覺是不難察覺的，閱讀一數學命題，沒有感覺的和有感覺的，就有明顯不同的領會和表露。如果把每一句的差別累積起來，兩者感受數學難易的相差就再明顯不過了。問題卻是，怎樣可以引發數學的感覺呢？

全面性非線性的展示

我們大概視數學的線性敍述為理所當然。例一：從自然數、到整數、到分數、到實數，這裏有一個特定的先後次序。例二：從定義、公理、經証明得定理一、二、三、…，抽象數學結構的研究大都採用這樣一個線性發展，當中蘊含著“從前面定理導出後面定理”的推理關係。

公理化的推理系統以 Euclid 的幾何開始，一直是數學嚴謹性的典範。在本世紀初對數學基礎的重新檢驗，更似乎非要依賴公理系統的模式不可。那項工作影響極大，把數學的嚴謹性帶到更深的層次。其中，集合論成為一個新典範。數學各領域亦受到衝擊，進行嚴謹化。推行最力的是 Bourbaki 學派，從三十年代起，他們嘗試把整套數學重寫，用定義 — 公理 — 定理 — 証明的模式，進行極一般性和形式化的討論。有趣的地方是 Bourbaki 計劃的一個動機是他們感到當時的數學課本，特別是 Goursat 的分析課程，不清楚、難明白。

在這裏，我們得先承認，這樣一個線性的展述是清楚、有條理、並嚴密的，亦可能是我們理解一個數學課題所必經的途徑。至少，它是一個直接、方便的途徑。我們亦得承認，任何展述都是順序的，在這意義下是線性的，而線性的推導更顯然是邏輯推理的一個特質。

問題是：數學的線性展述，特別是公理化的展示模式，在數學教學上也許擔當了過份的角色，因為它特定一個觀點，抑制其他角度的看法，令全面的理解加上困難。一些數學家把數學比作一片遼闊美好的景色，那麼，線性展示就彷似一段不准旁騖的旅程，以一維的道路探索多維的景致。

當然，如果展述的線性次序是數學中蘊藏著的必然的邏輯次序，我們就沒有甚麼選擇了，因為的確存在一個特定觀點。自然數到實數的例子似乎是這樣，但另外一些例子就有考慮的餘地。就算像 Bourbaki 學派那樣假設每個數學課題都有一個最好的處理方法，他們尋找那最優方案的過程卻又令人再思 [3]："文稿經過六、七、甚至十次的審查和重寫，大家終於都有點受不了，於是一致通過把它付印。"他們所付印的亦未必是數學內在的、終極的展示，因為他們也承認，隨著新概念的出現和成員思想活動的改變，方案可能會被"扯得粉碎"。而從數學教學的觀點來看，他們的"課本"是太難了。要是能旁聽他們原來的審查大會，倒是極好的學習機會。

也許可以作一個單純的分野。線性展示偏重邏輯、結構和公理化。另一種全面性的展示試圖把遼闊美好的數學景色描繪出來，它所偏重的是數學事物和現象，並且要多方面、反覆觀察和試驗，藉以傳達一種直觀和感覺。

Kodaira [4] 在他複流形的書中嘗試重述他發現那些定理的"實驗"經過。Fefferman [5] 在他拋物不變量的論文中，把他的証明比作與魔鬼對壘的遊戲：魔鬼一步步的試圖反証，他逐步對應化簡問題。文章華茂的 Weyl [6] 更有一段給人印象深刻的記述，說他和兒子從“數學的原始森林”帶回一株他們發現的樹苗，起其名為亞純曲線，後來，“熟練的園丁”Ahlfors幾乎一夜間令它長成一棵美麗大樹，於是Weyl把它移植到“山嶺起伏的黎曼曲面”上。當時他認為“實驗看似成功，葉和蕾已長出來，但只有將來才能教導我們會結出甚麼果子。”以上的說話，多少反映出作者對數學的感覺。他們的工作固然嚴密，但他們的展示亦很具意象和探索性，令人覺得可以接觸到他們所述的事物和過程。

全面性的敍述並不容易，它要講出問題的所在、解決的方法、所得的理解。為此，它要包括理論的發展背景，概念的由來和內涵、各種微妙關係的例子和反例、犯錯的暗伏危險、不同的探索途徑和技巧、定理的含意、應用和推廣。目標不單是純粹數學上的最好處理方法，而是顧及學者的預備程度、腳步快慢、領悟深淺，致令他們最得益的敍述。証明不單要嚴密，還要令學者感覺到事情為甚麼正確。

大概我們都可以想像：理解並非逐步跟著邏輯推理就會得到的。這裏希望表達的是：我們需要借助較全面的展示，用非單一的觀點，從模糊看到清澈，才能領悟到各個環節如何緊扣成一個整體；而我們也可以想像：那整體未必是簡單一串的，也即未必是線性的。

結語

從難到易，還少不了有勇氣和用心的學習。首先要有勇氣學懂深刻的數學，接觸最好的數學工作。在不明白的時候，又要有勇氣確定自己甚麼不明白和把不明白的弄個透徹。也只有用心地學，我們才能得到自己對數學的感覺。

參考資料

[1] Poincaré, H. *The Value of Science*. New York: Dover, 1958.

[2] 小平邦彥 (K. Kodaira)。“數學的印象”。《數學譯林》第10卷。中國科學院數學研究所，1991。（中譯）

[3] Dieudonné, J. "The Work of Nicholas Bourbaki." *American Mathematical Monthly* 77 (1970).
[4] Kodaira, K. *Complex Manifolds and Deformations of Complex Structures.* New York: Springer Verlag, 1986.
[5] Fefferman, C. "Parabolic Invariant Theory in Complex Analysis." *Advances in Mathematics* 31 (1976).
[6] Weyl, H. *Meromorphic Functions and Analytic Curves.* Princeton: Princeton University Press, 1943.

12 教（學）無止境：數學"學養教師"的成長

陳鳳潔　黃毅英　蕭文強

社會與教育制度之轉變

自1978年起香港實施九年免費教育，法例規定父母必須送十五歲以下的子女入學。在不少人尚未清楚瞭解普及教育的理念又缺乏心理準備的情況下，普及教育新紀元揭開了序幕 [1]。從此香港的教育制度漸漸從昔日的精英教育轉變為大眾教育，教育界也就面對一項重大課題：如何使課程切合大眾教育的需要？在普及教育制度下，學生來自不同的社會階層，各自有不同的學習經驗和習慣，各自對前途有不同的期望和志向。隨著普及教育發展，小學、中學以至專上學院的學位增加，就學機會增大，就連以往因其篩選功能而被視作提供學習動力的公開考試也消減了它在這方面的作用。（從好的方面說，是考試壓力減輕了。）教師必須花更多時間考慮如何誘發學生的學習興趣，如何照顧能力參差且期望不同的學生，如何選編和布置教學內容，以培養學生日後成為社會上明智且負責的成員。更重要的，教師必須在普及教育的前提下考慮所教科目的教育目的。其實，即使教育制度沒有轉變，以上種種都是教師應該關心的問題，只是普及教育實施後，一下子它們都給推上日程來，況且普及教育和精英教育於目的而言亦有根本差異，以上種種檢討，更形必要。

有一種說法，認為普及教育必然帶來程度低落、成績下降，唯一的解決辦法是降低對學生的要求，反正既然不是精英教育，何需人人學那麼多不切身的知識呢？這種說法看似明智，實際忽略了兩點：（一）現代社會趨向開放、多元化、高科技發展，它要求每一位社會成員具有一定的知識，技能和素養，學校的使命已不在於"教懂學生一輩子工作所需的知識技能"，而在於"為學生提供終生學習的鞏固基礎"[4]。由此看來，普及教育的推行不只必須，而且它對學生的要求絕對不比精英教育的要求為低！（二）為了遷就學生而片面降低對學生的要求，只會縱容一種好逸惡勞和見難即退的心態，導致人的素質下降。

數學教育目的之重整

以上種種問題，固然與整體普及教育有關，但就數學科而言，問題猶見突出。一向以來，數學被視作中小學教育的必修科，如同語文一樣，是非常有用的基本技能，在普及教育中佔一重要席位。但另一方面數學又被視為需要具備某種天份才能應付得來的學科，又怎能成為大眾教育的重要部分呢？因此，我們不能不先看看數學教育的目的是甚麼，如何因應普及教育的新使命而對這些目的作出重整。

如果我們翻閱各時各地的數學課程綱要，便會發現它們開章明義發表的教育目的大同小異，由於時代或地區有別，措詞容或不同，但籠統扼要地說，不外分成三方面：思維訓練、實用知識、及文化素養。清代文學家袁枚説過："學如弓弩，才如箭鏃，識以領之，方能中鵠。"我們不妨借用來把上述三個目的歸結為數學的"才、學、識"[2]。於數學而言，"才"是指計算能力、推理能力、分析和綜合能力、洞察力、直觀思維能力、獨立創作力、等；"學"是指各種公式、定理、算法、理論、等；"識"是指分析鑒別知識再經融會貫通後獲致個人見解的能力。單是"學"（局限於實用知識）的傳授，僅是狹義的數學教育而已，三者兼顧才是廣義的數學教育，這種廣義的數學教育不把數學只視為一件實用工具，而是通過數學教育達至更廣闊的教育功能，這包括數學思維延伸至一般思維，培養正確的學習方法和態度、良好學風和品德修養，也包括從數學欣賞帶來的學習愉悦，以至於對知識的尊重 [3]。

普及教育裏的數學教育，理應強調這種廣義的數學教育，而且狹義數學教育的技能訓練部分已隨高科技發展轉移了重心。既然如此，課程便要重整以配合時代發展。教師不必著眼於學生懂多少公式、定理，而應關心如何提高學生的學習動機和興趣，增強教學內容與日常生活或以往學習經驗的關連，激發學生的本有潛能，讓他們自我成長，培育學生的獨立思考和批判反思能力。以上的改革，單靠重編教學內容恐難達至，須有賴教師之努力。即使課程重編以後，教師始終是站在第一線體現課程精神的執行者。而且這種改革亟需具備某種素質的教師之力。這種勇於迎接時代挑戰的數學教師，無論對數學、教育、及學生性向均能掌握，本身亦須為思索者，研究者與課程設計者，我們無以名之，稱之為"學養教師" [5]。

學養教師之成長

怎樣才算是一位學養教師呢？這樣提問並不適當。學養教師不是一種資格，並沒有甚麼條文標準訂定下來，滿足這些條文標準的便是學養教師，不滿足的便不是。學養教師也沒有一種"範本"，依照著做的便是學養教師，不依照著做的便不是。學養教師的主要素質正是一種開放的態度和一種不斷探索省思以求自我提昇的動力，如同學生的學習，學養教師的成長也是一個不斷提昇的過程。固然，要成為學養教師，大家有共通的目標，但過程則因人而異，多元發展，絕不可以囿於一尊。唯其如此，我們發覺不容易以例子説明何謂學養教師，但大家關心的，卻正好是一位學養教師如何處理教學上的問題，他怎樣滲透自己的觀點，他的那些素質是有助於教學。讓我們姑且選取一個例子略作説明。我們並不是説例子敍述的就是最佳處理方式，它只是提供幾個角度去觀察問題而已。 雖然敍述上必然涉及教學過程， 例子的主要目的可不在此，我們並不是要提供一份教案。或者可以這樣説，我們希望通過例子説明學養教師的一個信念："處處留心皆學問"。

為了找一個高低年級數學教師都熟悉的例子，我們選取了初中幾何課程裏"相似形"這個題目。一般課本會先通過實用例子（如縮小或放大圖樣、模型或地圖比例、測量等等）引入相似形的概念，然後把討論集中於相似三角形的情況，一來三角形是最簡單的圖形，二來任意多邊形都能分割為若干個三角形（至少對凸多邊形這是輕易辦到的）。大部份課本隨即介紹相似三角形的三條檢定法則：（一）三個角對應相等；（二）三條邊對應成比例；（三）一個角相等且夾這個角的邊成比例。（順帶提一句，如果不考慮三角形以外的相似多邊形，學生不一定能體會到這些法則的要點，就是説一個本來同時倚靠角與邊來描述的概念，在三角形的場合卻只需要部份資料即能界定。沒有體會到這一點，便容易以為那些檢定法則即是一般相似形的定義。舉個例子，曾經有學生這樣證明三條平行線把二直線截成比例線段（見圖一甲）：$ABED$ 和 $BCFE$ 是相似梯形，故 $AB:BC=DE:EF$。但一般而言，那兩個梯形不是相似的。）不少課本都不證明這三條法則，甚至連相似形的定義也沒有交代清楚，引致教學上偏重要求學生機械化地運用上述法則計算答案。一般而言，這種做法在低年級不會產生甚麼問題，頂多有些學生對於如何發現那些法則略感疑惑而求諸強記，又或者偶然有少數學生希望明白為甚麼那些法則是對的。若事前教師輔以適當引導，例如提供足夠的實驗結果、直觀的解釋、比對全等三角形的幾個類似的檢定法則，學生的疑惑便可以減輕。然而，到了較高年級，學生接觸到較多要證明的幾何命題，問題便可能產生了。（我們不打算在這兒討論要不要證明？證明在課程中應佔多少份量？何時引入證明？怎樣學習證明？但所有這些都是一位學養教師應該關心的問題。）譬如説，有條叫做"中點定理"的命題：三角形兩邊中點的連線平行於另一邊，而且連線的長是另一邊的一半。課本上的證明多數是這樣（見圖一乙）：設 D 和 E 分別是三角形 ABC 兩邊 AB 和 AC 的中點，從 C 構作平行於 AB 的線段 CF 與 DE 延長相交於 F。先證明三角形 ADE 和 CFE 全等，由此得 $DA=$

FC，故 *DB*=*FC*，所以 *DBCF* 是平行四邊形，因而 *DE* 平行於 *BC*，而且 *DE*=*FE*=*BC*/2，定理證畢。假設有學生提問：“為甚麼你不考慮三角形 *ADE* 和 *ABC* 呢？明顯地它們的一個角相等且夾這個角的邊成比例，因此它們是相似三角形，馬上知道 *DE* 平行於 *BC*，且 *DE*=*BC*/2。何需如此做作添加補助線段 *CF* 呢？”怎樣向這個學生解釋呢？又或者有些學生見過幾何證明後，回想低年級學過的相似三角形檢定法則，執卷問難，作為教師的，自己心目中可有一個全局觀呢？

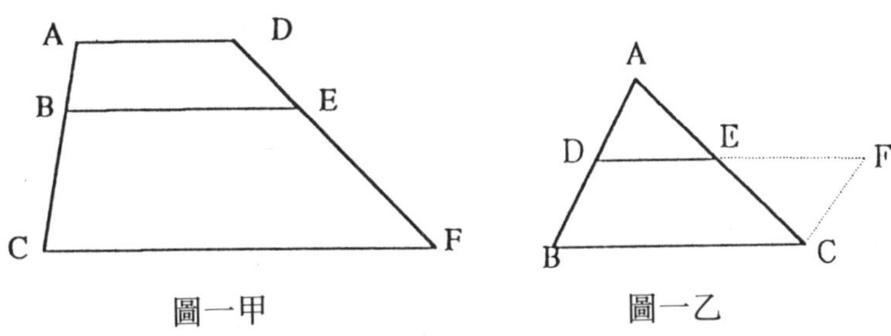

圖一甲　　圖一乙

只要打開歐幾里得（Euclid）的名著《原本》（*Elements*）（成書於公元前四世紀），大家便會發現那三條相似三角形法則分別是卷六的命題四、命題五和命題六，而今天中學幾何的全部內容除相似三角形以外都在前面五卷出現了！為何如此呢？原來《原本》第五卷是關於比例理論的，有了嚴謹的比例理論作根據，作者才提出一條關鍵定理，即是卷六的命題二：若一直線平行於三角形的一邊，則它截三角形的兩邊成比例線段；又若三角形的兩邊被截成比例線段，則截點的連線平行於三角形的另一邊。有了這條定理，那三條相似三角形法則便不難證明了，在此不贅。關鍵定理的特殊情況就是“中點定理”及其逆定理（亦稱“截線定理”）。如果我們還沒有證明那條關鍵定理便運用相似三角形法則，解釋仍欠完整；要是我們不深究如何證明相似三角形法則卻貿然運用這些法則來證明關鍵定理的特殊情況（“中點定理”），就更是墮入邏輯上“貓兒追自己尾巴”的圈套（見後記）！其實這種種混亂皆因課程內容布置而產生，為了在低年級介紹相似形我們不得不省略某些定理的證明，於是卻有些結果從不證明、有些結果卻要求證明。加上這些結果在不同年級先後出現，學生又未臻適當的數學成熟程度可綜觀全局，他們會誤以為數學是零碎鬆散但又企圖披上嚴謹外衣的科目，因此也是他們肯定理解不來的科目。對於這點，有心的教師及課程設計者能不深思嗎？

當我們弄清楚那幾條定理及其證明之間的邏輯關係後，便要追問下去，教學上我們可以採取甚麼步驟呢？再讀《原本》或者又能得到啟發。卷六命題二的證明利用三角形面積的一個性質：等高的三角形（或平行四邊形）的面積相比如同它們的底的比，那就是卷六命題一的內容。換了是在今天的課堂上，如果學生已經懂得三角形的面積公式（面積等於底乘高的一半），我們可以利用這個作為出發點解釋相似三角形的三條法則。其實，運用面積處理相似三角形問題，在中國古代數學素有此傳統。譬如魏晉人劉徽著《海島算經》（成書於公元三世紀），第一題問："今有望海島，立兩表齊高三丈，前後相去千步。令後表與前表參相直。從前表卻行一百二十三步，人目著地取望島峰，與表末參合。從後表卻行一百二十七步，人目著地取望島峰，亦與表末參合。問島高及去表各幾何？"書中給出這個測量問題的計算公式。利用相似三角形知識，今天的中學生不難得出同樣的公式，但查看宋人楊輝企圖復其"源"的注解（公元十三世紀），看到他運用面積推算這些計算公式，不禁叫我們對古人立意造術之精妙讚嘆不已。那些想法，在今天中學數學教學中，仍有不少足堪借鏡的地方呢。

如果再深入玩味《原本》，當能更好體會比例理論深刻之處。譬如卷六命題三十一說：在直角三角形中，斜邊上所作的圖形（面積）等於夾著直角兩鄰邊上所作與前圖形相似且有相似位置的圖形（面積）之和。大家自然認得這即是勾股定理：在直角三角形中，斜邊上的正方形等於夾著直角兩鄰邊上正方形的和。該定理乃古希臘畢達哥拉斯學派（Pythagorean）（公元前五世紀）的騎人發現，在其他古代數學文化中這個結果也在或更早或稍遲的時候出現而且佔重要席位，它亦是數學上最基本最優美的一條定理，在《原本》中給安排為卷一命題四十七。但為甚麼隔了五卷後它又再出現呢？

比較卷一命題四十七和卷六命題三十一的證明，當可發現兩者各有特色，但中心思想則一般無異。固然，卷六的證明運用相似三角形知識，簡捷明快，一針見血。反觀卷一的證明，為了動用全等三角形知識而添加補助線，雖説巧妙，總嫌複雜，叫人摸不著頭腦！但不要忘記一點，卷一的證明毋需倚靠比例理論，僅憑開首幾條簡單自明的公理逐漸推導下去，過不多久便解釋了這樣一個絕不明顯的深刻結果，卷六的證明卻要求讀者先弄清楚比例這個概念。有理由相信畢達哥拉斯學派最先發現這條定理時是循卷六比例這條思路的，這段故事牽涉不可公度量的發現，其前因後果是數學史上引人入勝的一頁，後來又在現代數學史上復現，前後呼應，成為德國數學家戴德金（Dedekind）在十九世紀中葉建立無理數理論的萌芽思想。由《原本》的內容編排看，歐幾里得似乎為了要及早講述勾股定理這樣重要的結果，費了一番心血尋找一個不必倚靠比例理論的證明。我們今天回顧這種編排的苦心，在教學內容上的設計和布置有何啟發呢？

學養教師要關心的，正是這種探本尋源，追查來龍去脈，以高角度觀看全局的嘗試。那不單是顧及知識結構上的嚴謹，也注意到學生的認知心理，同時又在這番探本尋源的工夫中欣賞到數學文化的魅力，親身體會數學經驗。固然，自己有了全局觀後，教師還得按學生特性設計和布置教學內容讓學生經歷及欣賞到這種數學經驗。所謂數學上"才、學、識"三方面兼顧，即是指此；所謂教學相長，也是指此。

結語

作為學校必修學科的數學，其課程必須重整以配合現代社會普及教育的新目標。單作課程綱要的調整實不足以達此目標，教師需要因應不同學生設計學習經驗，並讓學生親身經歷學習過程。具備如此眼光襟懷的學養教師，不僅要通達學科的理念及知識結構、明白學生的需要、善於引導學生學習，更須經常反省，以冀不斷自我提昇。

後記

本文原刊於《“香港課程改革：新時代的需要”研討會論文集》（香港中文大學，1994年4月），53–56頁。當時因篇幅所限，有些相似三角形的數學細節沒有仔細交代清楚。現趁本書重刊此文的機會，我們除了修改個別字句，還補上一筆。

“截線定理”是“中點定理”的逆命題，它說：通過三角形一邊的中點且平行於另一邊的直線，與第三邊相交於它的中點。與“中點定理”的情況類似，課本上的證明是透過構作補助線再運用全等三角形和平行四邊形知識推導出來，但從相似三角形 ADE 和 ABC 中馬上看得到 E 是 AC 的中點（見圖一乙），何需構作補助線呢？按照這種思路，我們其實證明了推廣的“中點定理”和“截線定理”（不限於中點，只用知道該點把三角形的邊分成甚麼比例線段），那即是《原本》卷六命題二。我們已經說過，從命題二可以推導出命題四（即是檢定法則一），而從命題四又可以推導出命題五（即是檢定法則二）和命題六（即是檢定法則三）。如果讀者小心驗證一番，便知道上文提及毋需構作補助線但運用相似三角形知識的簡短證明並沒有錯，只不過由此我們知道命題二、四、五和六都是邏輯等價，卻一點也不明白為甚麼當中任何一條是對的！歐幾里得顯然已經考慮到這點，他添了一條定理（卷六命題一），用這條定理去證明命題二，於是解釋了全部這些命題。原來關鍵在於命題一：等高的三角形的面積相比如同它們的底的比。因此，歐幾里得必須先在卷五仔細闡述比例理論。如果我們不想動用比例理論但又想解釋“中點定理”和“截線定理”，便只好像課本上的證明，借助全等三角形和平行四邊形的知識了。

參考資料

[1] 黃毅英。“普及教育期與後普及教育期的香港數學教育。”本書第七章。1995。

[2] 蕭文強。“數學．數學史．數學教師。”《抖擻雙月刊》第53期 (1983)，67–72頁。

[3] 蕭文強。"數學史和數學教育：個人的經驗和看法。"《數學傳播》第16卷第3期 (1992)，23–29頁。

[4] National Research Council. *Everybody Counts.* Washington, D.C.: National Academy Press, 1989.

[5] Siu, F.K., M.K. Siu and N.Y. Wong. "The Changing Times in Mathematics Education: The Need of a Scholar Teacher." In *Proceedings of the International Symposium on Curriculum Changes for Chinese Communities in Southeast Asia: Challenges of 21st Century,* C.C. Lam, H.W. Wong and Y.W. Fung, eds., pp. 223–226. Hong Kong: The Chinese University of Hong Kong, 1993.

本文作者曾與馮振業先生作數度討論，獲啟發甚多，謹此致謝。

13 科技社會的數學和數學教育

周偉文

九十年代的香港是一個高度現代化社會，一切都在改變。科學技術的進步大大的影響著我們的生活方式；數學是現代教育重要的一環，現在的數學課程，能否使我們的下一代有足夠的數學能力面對未來的社會呢？這是值得思考的重要問題。在這篇文章裏，我們將一起探討科學技術如何影響數學教育，然後，我將提出數學教育可以怎樣回應這些影響，並討論如何推動課程改革，使我們的數學課程更能配合社會的需要。

科技進步對數學教育的影響

社會對數學的需要正在改變

我們已進入資訊時代，在各樣的工作中都會接觸到電腦。很多時候，我們要分析大量由電腦處理的資料，進而作出各種決定。因此，培養分析事物的能力成為學校教育的重要目標之一。 傳統數學課程所重視的機械運算以及計算方法，已逐漸失去重要性。在日常生活中，數學資料以不同的形式出現，如各種的經濟數據，每天都會碰到；像生活指數，稅制等，是我們都會關心的；又或者各類統計圖表，圖象分析等在報章、電視上隨處可見。因此，在學校教育的各階段，數學教育應提供更全面的資料分析能力的訓練。

數學的內容和應用正在改變

在過去的二、三十年間，新的數學不斷被發現，在方法上也不斷有突破。如使用電腦去證明地圖四色問題，使我們重新思考數學證明的本質。數學的應用引致新的數學課題不斷出現，開拓了數學研究的新方向。使用電腦的巨大計算功能使我們可以研究多變量的數學；離散數學的發展，更和電腦分不開。分形（fractal）和混沌（chaos）的研究，是現時頗為熱門的課題。這些新的數學研究方向，提供了把數學應用在生活上新的可能性。例如把矩陣的研究，應用在電子通訊的理論上，提供了壓縮資料的可能性，這是流動通訊、視聽通訊發展的基礎，結果大大改變了現代人的生活方式。

科技在社會的角色正在改變

電子計數機和電腦在生活上的廣泛應用，改變了我們做數學的方法。大部份的日常生活數學都離不開使用計數機，因此數學教育需要訓練學生使用這些計算工具；小學和中學的數學課程所受到的衝擊，實在是很大的。每一種傳統上被認為是重要的數學能力，都有需要重新評估。數學教育的內容，實有重新訂定的必要。

對學生學習數學的瞭解正在改變

在這二、三十年間，教育研究使我們對學生如何學習數學有更深入的認識。 我們瞭解到學習不只是一個吸收、貯存和提取的過程，而是包括了學生運用先前有的知識去面對新的挑戰，吸收新資料，進而建造知識的新意義。因此建造知識的過程，是我們設計數學教學活動時特別要考慮的因素。科技社會大大的影響學生的學習環境，也影響著學生建立數學知識的基礎。因此，課程的設計也要適應這些改變。

老師及社會對數學和數學教育的誤解

然而，當我們觀察香港的數學課程，會發現在這二、三十年內，課程內容改變不大，很大程度上是因為老師和社會人士對數學和數學教育有一些錯誤的假設：

數學是一門固定不變的知識

很多人相信數學課程包括了一些基本要學的內容和計算方法，是每一個人必須掌握的。因此要改變課程的內容，無論是增加或是刪減，大部分數學老師都極不願意。要增加新的內容，老師自己先要學習這些可能他們自己也不瞭解的數學知識，遇到的反對自然很大，例如高級程度的純粹數學課程，三、四十年來，只有刪減內容，卻少有增加新的課題。然而就算要刪減一些落伍，因科技進步而遭淘汰的數學，如使用四位數表查考三角函數值等，卻也不容易。到現時仍有不少老師堅持要學生學習這些落伍的技巧，為的是數學的完整性。事實上，科技的廣泛應用改變了我們平常使用的計算工具，因此，很多傳統數學課題是否應繼續存在於中、小學課程之內，正面臨重大的考驗。在美國，有人甚至提出要"從零開始"建立數學課程，即要首先證明所學的數學有它的必要性才包括在課程之內 [1]。雖然這可能是較為極端的提議，它卻提醒了我們不可把以前有的課程內容，毫不思考地全部接受。事實上，新的計算工具，如計數機及圖象計數機，提供了新的解決數學問題的方法；不同的電腦程式如電子計算表格，圖象軟件，幾何軟件等更為解決數學問題提供了和傳統不同的方法。因此，中、小學的數學課程更有重新修訂的必要。

數學學習就是學習解決某些固定的數學問題

很多人認為學習數學就等同於計算某些特定數學問題的答案，而這些數學問題是永遠不需要改變的。因此，很多時候學生都要學習一些不明所以的問題，例如七十年代小學生學習的植樹問題、水流問題等，都和日常生活毫不相關。又如今中學生學習的比例問題，常包括混合咖啡等和十九世紀歐洲的生活習慣有關的數學問題，現時的生活其實並不需要這些數學。相反，現代生活常接觸的數學課題，如選舉、廣告、統計等，在數學課程中並不特別受到注重。很多老師的信念是：雖然社會不斷改變，但學生學習這些“歷久常新”的課題之後，是可以把所建立的數學技能，應用在不同的處境中，因此改變數學教學的內容是不必要的。在他們看來，數學的應用是在充分掌握數學知識後，不太困難便可以達到的一個學習階段。事實上，這種想法是站不住腳的。比方説，學習使用電腦軟件的人，大可以從閱讀使用手冊來掌握使用軟件的技巧。但我們看見在適當訓練後，他們用較少時間便可以掌握這些技巧。 因此在中學裏實在有必要訓練學生使用電腦作計算用途。現時大量的進修學習電腦軟件的課程，有很多是學習計算表格、資料庫管理等軟件，由此可以明白，如果我們現在不訓練學生將來所要具備的數學技能，社會是要付出何等大的代價。

現時已發展的科技和電腦軟件以及有關的數學

現時除了傳統的計數機以外，圖象計數機漸漸普及，價錢又不斷下降，相信不久之後，將會成為大部分學生可以擁有的計算工具。而在歐美各國，不少電腦軟件已進入了家庭成為隨手可用的計算工具，以下我將討論和這些科技產品有關的數學。

計數機

小型電子計數機廣泛被使用已是人人同意的事實，但在中、小學數學教育中，它只是被當為一種計算工具，和四位數表一樣。現時中學生所做的數學問題，除了和三角函數有關的以外，多數都並不一定需要使用計數機。其實，計數機提供了學習數學的不同方法，例如計數機可以提供很多訓練學生有關位值概念的活動，亦可以使學生處理數學問題時不再局限於簡單的整數問題。此外，計數機亦提高了學生解難的能力，例如使用計數機，學生可以嘗試解決：

解 $\sin x = x$

這類非正統的數學問題。對一個重視培養解難能力的數學課程來說，計數機提供了很多可以使用的教學活動。

圖象計數機

把抽象的函數形象化是數學的重要課題，微分學一項重要的應用就是描繪出函數的圖象。圖象化的函數可以加深我們對它的認識，知道它的變化和各樣的性質。例如函數的增加或減少，最大值和最小值等，都可以直接從圖象觀察得到。圖象計數機，使我們可以用簡單的輸入，便得到函數的圖象，因此是研究函數性質的重要工具。又例如要計算函數

$$f(x) = 3x^3+4x^2-2x+5$$

的所有實數根，只要用圖象計數機畫出函數的對應圖象，並放大函數相交於 x–軸的部份，實數根便可很容易直接從計數機讀出。由於解方程成為如此容易的一件事，學生便可集中學習如何運用解方程的技巧去探討生活上不同的問題。學生能解決的問題，可以涉及高次方程，三角方程等，而不像現時這樣局限於和二次方程有關的問題。

若圖象計數機能被廣泛使用，則現時有關微積分的課程，將有重新修訂的必要，因為現時微積分課程內的大部分內容，很容易被圖象計數機所取代。而且圖象計數機所提供的解方程能力，將可以讓計算能力較差的學生，有能力研究較深層次的數學課題。

Logo

Logo 是現時初中電腦科教授的一種電腦語言，很多小學生也有機會學習。隨著初中電腦課程的普及，可以想像大部分中學生都會使用 Logo。但似乎數學老師對中學生擁有的這種運用電腦的能力並不太瞭解。Logo 不單是一種電腦語言，更是一

種探索數學的工具。學生只要發出簡單的動作命令，便可看見這些命令的實際動作效果。對中小學生學習幾何圖形的性質，實在很有幫助。Logo 亦可以把符號的指令形象化成為圖畫，是幫助學生學習一些看不見的抽象觀念的實用工具。下列一系列的樹形圖，可以讓學生更深刻的明白不同的角度和比例所做成的視覺效果，從而強化對這些觀念的認識。

圖一　分枝角 = 60度，樹枝長度比 = 0.7 的樹形圖 (logo simulation)

圖二　分枝角 = 30度，樹枝長度比 = 0.6 的樹形圖 (logo simulation)

遞歸是高等數學的一個觀念，現時在中四以上的課程才會有所涉獵，例如數學歸納法，斐波那數列，以至平分法求方程根這些課題，都是要求學生對遞歸有一定的瞭解。然而數學老師應發現，遞歸這一概念，在中二便引入在電腦科的課程內。因此我們在數學課程中，實在可以利用 Logo 所提供的環境，引進不同的數學課題，提供有意義的新數學知識。

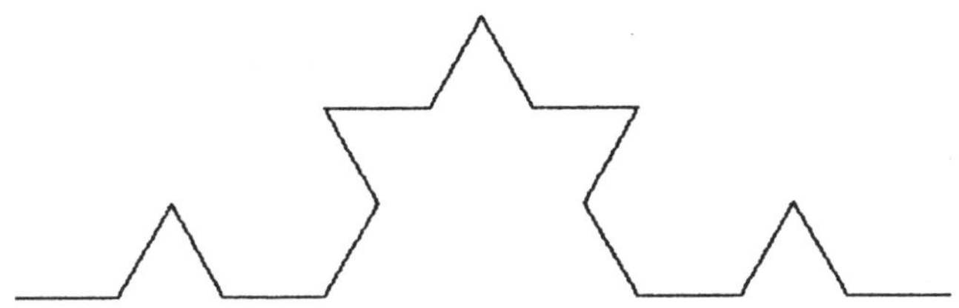

圖三　二階的 Koch 曲線 (logo simulation)

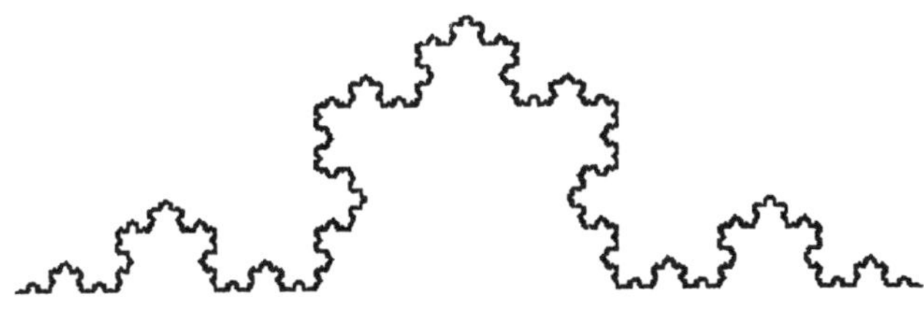

圖四　六階的 Koch 曲線 (logo simulation)

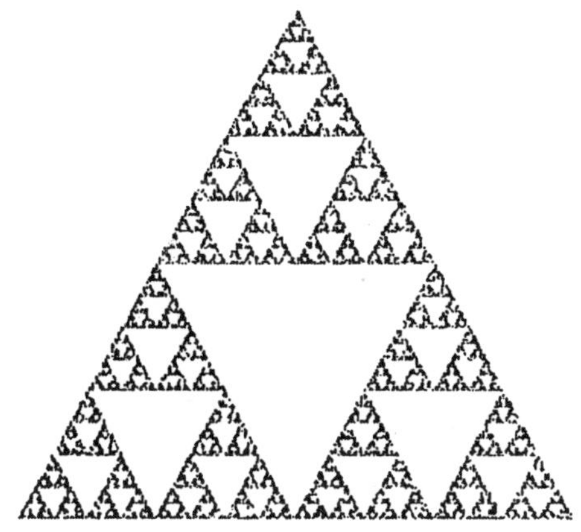

圖五　混沌 (chaos) 遊戲的結果 — Sierpinski's 三角形 (logo simulation)

電子計算表格

現時每一間中學的電腦，都有提供不同的電子計算表格，Excel 和 Lotus 是這類軟件中最多人使用的。使用這些計算表格，並不需要太多的訓練，因為大部份的計算和操作功能都可以從拉下的功能表和圖象提示找得到。只要有基本的訓練，瞭解到計算表格可以提供的功能，就可使用，完全不需要電腦程式設計的知識和技巧，因此這些計算表格在工商業中廣泛被使用。在數學教育的層面看，它可以提供很多新的數學課題。

一、研究遞歸數列的極限：如$u_n = u_{n-1} + u_{n-2}$這個高等數學常研究的差分方程，是遞歸關係的一種。把 u_1 和 u_2 放入計算表中，只要幾個簡單的運作，我們便可列出整個數列。我們可以檢視它的變化，也可以用圖表將整個數列描繪出來，數列的極限是否存在，或某一項的數值是甚麼，都一目瞭然。研究數列是中六純粹數學的一個重要課題，有了這工具，研究的方法，大大的改進了。

二、研究改變某些變量時，函數的變化：計算表的計算可以重複，並且當輸入的數據有所改變時，所有計算會重新自進

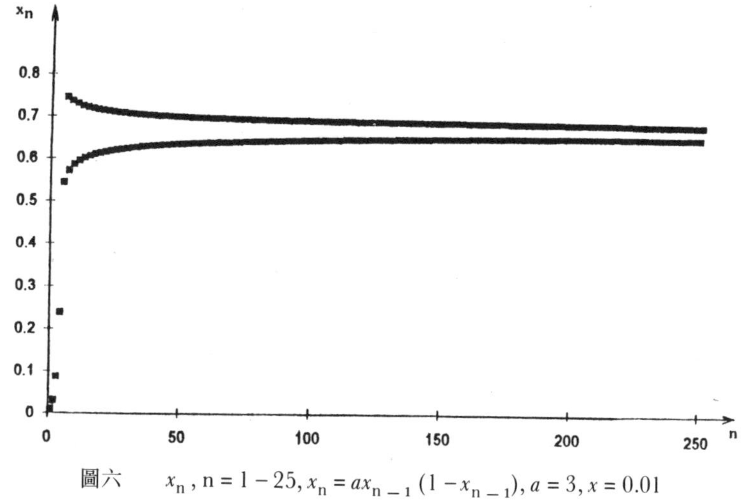

圖六　x_n, n = 1 − 25, $x_n = ax_{n-1}(1 - x_{n-1})$, $a = 3$, $x = 0.01$

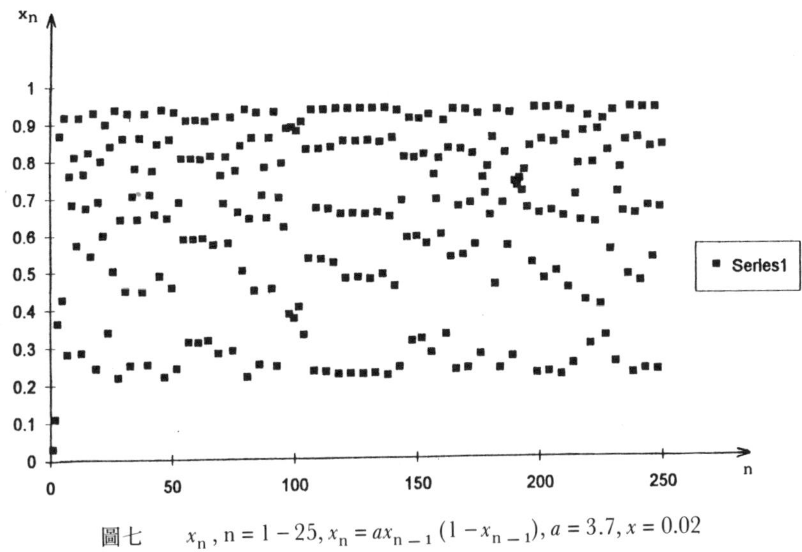

圖七 x_n, n = 1 – 25, $x_n = ax_{n-1}(1 - x_{n-1})$, $a = 3.7$, $x = 0.02$

行，因此計算表成為一個做數學試驗的好環境。我們可以輸入不同的參數數值至同一方程中，並觀察到它們不同的結果，從而可以提出結論，並加以試驗。例如以下研究 $x_n = ax_{n-1}(1 - x_{n-1})$ 這一條方程，當 a 取不同的值時情況不同，我們很容易便發現 x_n 有不同的循環週期。再深入研究，我們將可以發現混沌的數學。

三、矩陣的研究：在全世界中六數學課程中，矩陣的重要性愈來愈高，因為它的應用廣泛。無論是商業、社會科學或是科學的研究，它都大派用場。計算表中如 Excel有提供矩陣的運算，提高了在數學計算中使用矩陣的可能性。學生只要明白它的性質，不需經過複雜的運算，便可計算並使用它去解決問題。

四、統計表示功能：大部份的電子計算表格，都可以將數據作不同形式的統計圖象表示，因此，使用計算表，使我們可以集中教授如何分析數據資料等較高層次的數學活動。現時中一至中三著重表達和計算統計數量的數學課題，實有重新修訂的必要。

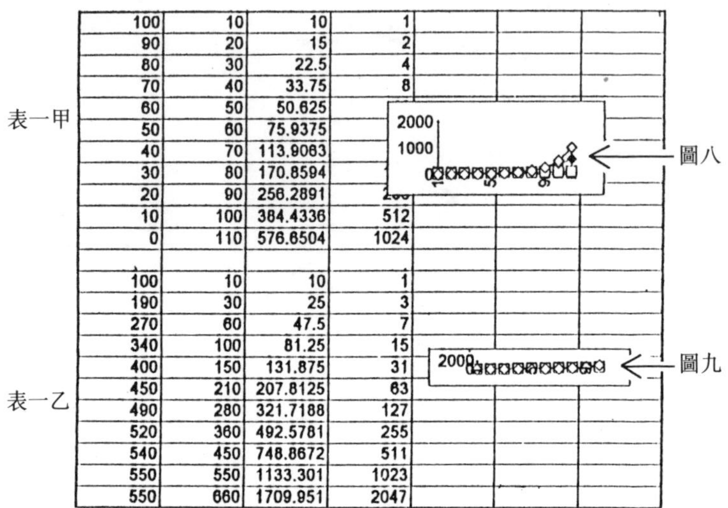

	100	10	10	1			
	90	20	15	2			
	80	30	22.5	4			
	70	40	33.75	8			
表一甲	60	50	50.625				
	50	60	75.9375				
	40	70	113.9063				
	30	80	170.8594	[illegible]			
	20	90	256.2891	[illegible]			
	10	100	384.4336	512			
	0	110	576.6504	1024			
	100	10	10	1			
	190	30	25	3			
	270	60	47.5	7			
	340	100	81.25	15			
	400	150	131.875	31			
表一乙	450	210	207.8125	63			
	490	280	321.7188	127			
	520	360	492.5781	255			
	540	450	748.8672	511			
	550	550	1133.301	1023			
	550	660	1709.951	2047			

表一　電子計算表格資料

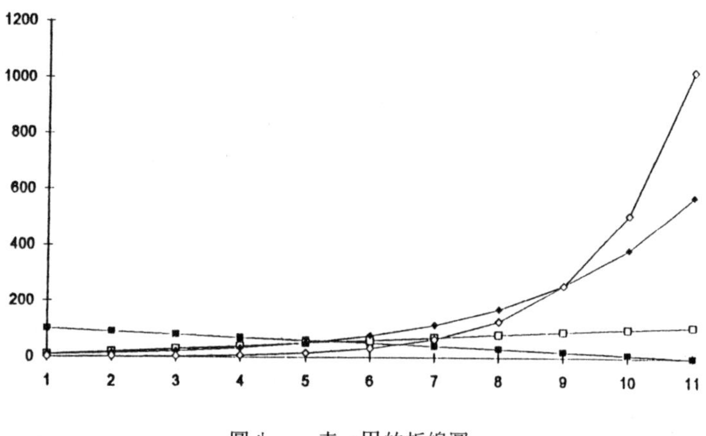

圖八　表一甲的折線圖

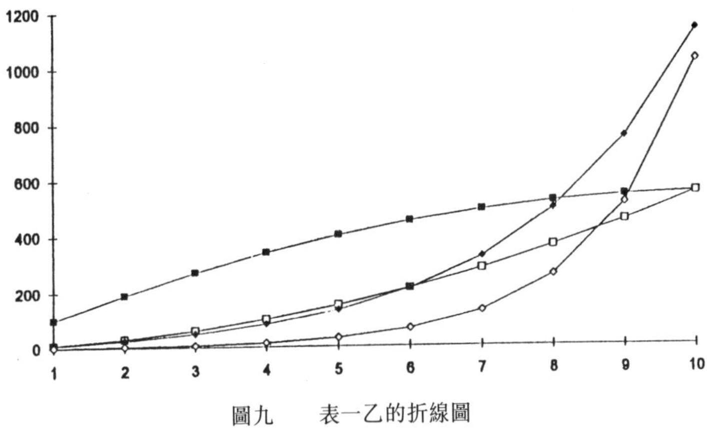

圖九　　表一乙的折線圖

圖象軟件

現時常用的圖象軟件主要是提供一個環境，讓使用者可以將函數的圖象表達出來。 GraphExplorer 是其中一個。 它可以讓使用者以代數方式，參數方式，以及極座標方式輸入方程。要研究函數在某一範圍時的變化，可以把部份的圖象放大便可進行分析。

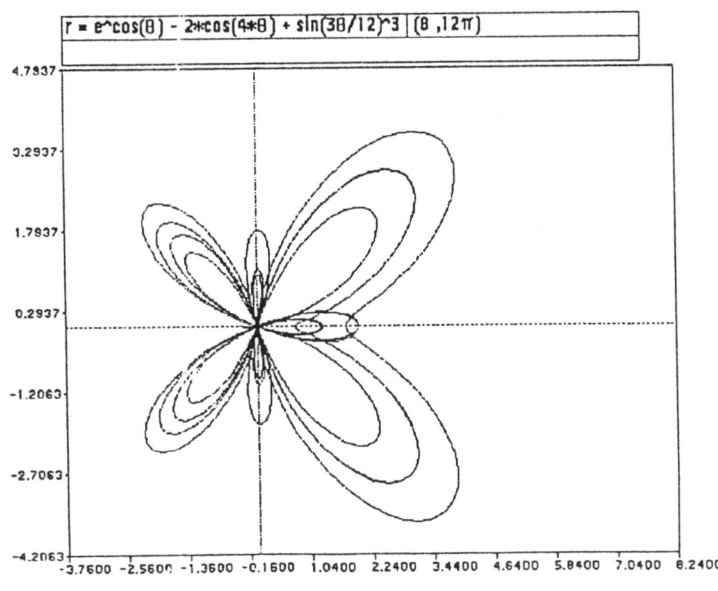

圖十　　Graph Explorer 所示函數圖像（極座標方程）

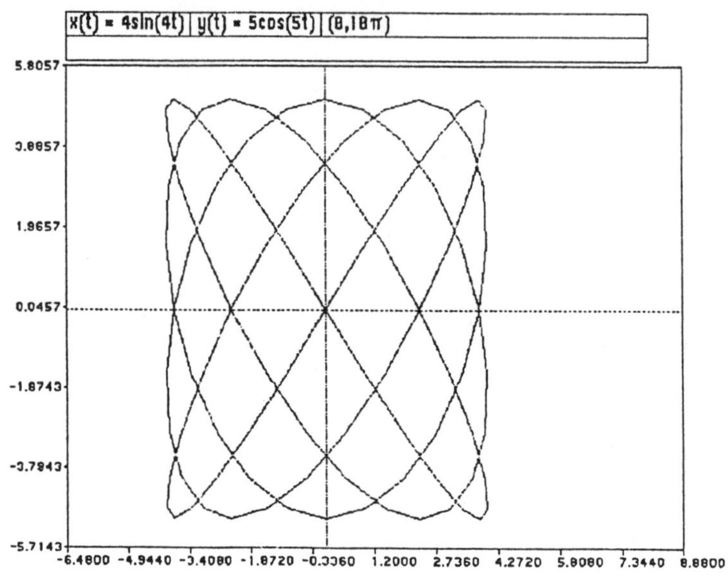

圖十一 Graph Explorer 所示函數圖像（參數方程）

圖象軟件所提供的功能，使我們有更容易的方法進行解方程。現時數學課程有一大部份是訓練學生掌握解方程的技巧。我們從中一開始教授解一元一次方程，中二教授解二元一次方程，中三用因子分解法解一元二次方程，中四解任意二次方程。我們不單要求學生明白如何解這些方程，更用大量的時間和練習，使學生純熟掌握這些方法。但現實的情況是大部份學生都未能掌握這些方法，有的因為少有機會使用而慢慢遺忘，有的根本未能掌握，只有強迫背誦一堆自己也不明所以的數學符號，這是中學生學習數學感到最痛苦的事。使用圖象軟件後，學生可以使用這些軟件解比上列更複雜的方程，不用強記大堆公式。而老師更可把較多的時間放在指導學生透過解方程探索更深入的數學問題。 我相信數學課程若引入了這些圖象軟件，可以使數學學習更有趣味，亦可以把數學知識應用在解決更生活化的問題上。

幾何學習軟件

傳統歐基里得幾何自新數運動後，在歐美的數學課程中，漸漸被淘汰，代之而起的是學習變換幾何，學生學習圖形的不同變換和空間的特性。但在香港的數學課程中，我們仍保留了相當多的幾何知識（如中四、五課程包括圓的性質和它們的證明）。學生更要掌握證明幾何題的方法和傳統的證明格式。大部份老師相信學習這些定理的證明是學習幾何定理的唯一方法，要測試學生是否掌握這些幾何知識的方法，就是叫學生去使用它們去證明一些命題。

但現時一些電腦軟件提供了一個完全不同的方法去學習幾何問題。現時發展得較成熟的軟件如Cabri Geometry 和 Geometric Supposer，提供了一個讓學生自己發現幾何知識的環境。這些軟件提供了一個機會，讓學生可以在平面上加入點、線、圓等基本幾何研究對象和建立它們彼此的關係，透過觀察，讓學生發現不同的幾何定理。如圖十二中，學生可以畫出圓形和其上的一些點和角，然後透過改變這些點的位置去發現圓的各項性質。中四數學的幾何內容完全可以用這種方式來學習。當然用這種方式學習幾何，並不強調訓練學生有系統和邏輯地表達證明，但對於幫助學生掌握平面幾何的知識卻明顯有幫助。

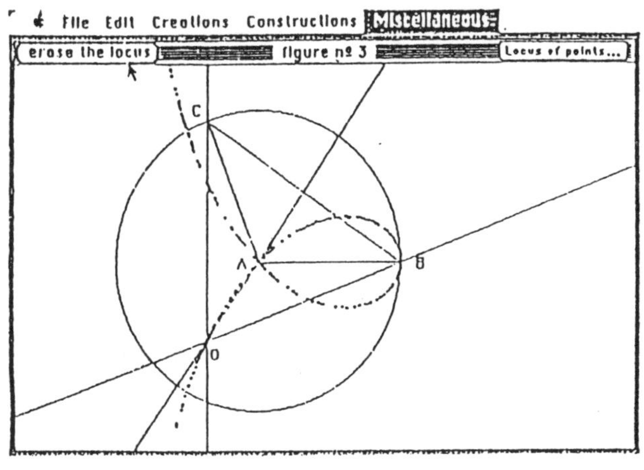

圖十二　Cabri-geometry 的幾何作圖

電腦代數系統

除了上述的不同類型軟件大大的影響中、小學的數學教育以外，值得提的還有專門為高等數學而設計的電腦代數系統，如Mathematica，Maple V，Derive，MathCad 等。它們包羅萬有，大部分中學生和大學數學學生要求的計算，它們都能處理，是現時大學生學習數學的重要工具。它們不單節省了數學家用於計算的時間，使他們能把更多的時間放在研究、分析等活動上面，更減少了大學生要熟習的數學計算算式，大大改變了研究數學的方法。但這類電腦代數系統，對中、小學的數學學習，衝擊不大，因為在中小學階段，所訓練的都是較為基本的數學技巧。

其他和數學學習有關的電腦軟件

上面所提的都是可能在學校教育範圍內影響數學學習的一些發展，亦有一些電腦軟件是從幫助個人學習數學上發展起來的。例如有一些針對提高學前兒童學習數學興趣的軟件，它們用動畫、聲音、提示、獎勵等，讓學生在有趣的環境下學習和練習各種數學技巧。也有提供系統性的溫習課程，按著學生的能力表現，安排難度漸進的課業學習，操練學生解決數學題的技巧。這些電腦軟件由於要運用大的記憶體，很多時候是以光盤資料庫形式使用。

因學習形式不同而受重視的數學

一、心算：很多人認為使用電腦或電子計數機學習數學會使學生使用筆算的能力大為降低。但我們可以看到，在推動使用電腦學習數學的同時，心算也重新受到重視。美國國家數學教師聯會（National Council of Teachers of Mathematics，NCTM）提出學生要有能力決定應該使用何種計算方法處理數學問題，並鼓勵學生掌握基本的心算技巧[2]。正如很多人提出的論點：計算工具不一定在任何地方都有，因此，在引入電腦輔助學習數學的同時，我們更應發展心算。

二、估算：估算和心算不同，心算是計算方法，而估算是資料處理的一種方法。估算是訓練學生知道所要求的數據精確度，然後決定如何簡化問題再加以計算的一個過程。在現時的數學課程中，重視計算能力的培養，並不重視估算能力的訓練。每一個數學問題，我們都要求學生算出正確答案。因此，學生多不能決定所需要的計算精確度。 隨著學生掌握各種不同的計算工具，對估算能力的要求大大提高了。學生要決定電腦計算的結果是否合理，當中有否因資料輸入錯誤而引致錯誤答案，或是因為運算過程有問題而錯算結果；因此估算的能力就相當重要了。

如何落實推行這些因科技進步而引致的課程改變

現時很多學校都開設有初中及會考程度的電腦課程，這些學校都設有二十至四十多部電腦，學生在學校有很多機會使用電腦，因此初中學生對電腦並不陌生。相當數量的中學生家中都有電腦和計算軟件，而電子計數機更加是幾乎每一個家庭都有的計算工具。在學校使用電腦或電子計數機作為學習數學的工具，其實並不需要太大的設備投資。此外，這些學校也配備了各種配合使用電腦的裝置，例如電腦投射顯視設備，使學生可以整班觀看老師操作電腦的過程和結果，全班可以一起參與討論，也有高質素的打印機以網絡形式連結起來，讓學生可以把電腦的輸出列印出來，以便進行分析、討論。總括來說，學校的設備，基本上是可以容許老師使用新的計算工具推行數學教育。然而，在如何落實推行這些因科技進步而引致的數學課程改變，卻不單是設備的問題，以下的困難是我們要面對和克服的：

一、現時並非每一間中學都開設有電腦科，也不是每一間學校都有電腦的設備。因此政府要加強基本電腦知識的教育，務使每一中學生都有使用電腦的經驗。電腦常識科，應如同語文或數學一樣，成為初中學生的必修科。不然的話，任何要使用電腦作計算的數學課程，都不能全面在中學推行。

二、現時中學的電腦設備，大部份時間都用作上電腦課時使用。有一些學校，更只容許電腦科老師使用這些電腦設施。數學科老師很多根本不知道，亦不可以使用學校這些設備。因此，很多數學科老師並沒有太大的興趣使用這些電腦設備作教學用途。所以，學校要開放這些電腦給數學科老師作教授數學課時使用。事實上，數學科老師並不需要經常使用電腦設施，學校只要能提供電腦室讓學生在課餘時間作計算用途，已經是足夠的。相反，學校需要的是可以在課室內向學生講解用的電腦設施，只需添置多兩、三部電腦和投射裝置，便足夠滿足老師在授課時的需要。

三、並不是所有老師都有使用電腦和各種電子計數機的習慣。經常使用電腦的數學老師亦並不一定熟悉如何運用這些工具作教學用途。現時很多人只用電腦作為資料或文字處理工具，對於電腦可以提供的計算功能都不甚瞭解。因此，教署要提供足夠的訓練，使老師能自己首先掌握這些新的計數和教授數學的方法。所有研究課程改革的研究顯示，教師訓練是否足夠，往往決定改革能否成功。訓練教師應至少包括兩方面，首先要訓練老師熟習電腦作為一種計算工具，其次要訓練老師如何使用這些工具學習數學。此外，教師專業團體亦要協助組織數學教師，研究使用電腦教授和學習數學，進一步加強老師瞭解並掌握這方面最新的進展。

四、教署要提供作為教育用途的數學軟件。數學科每年獲得購買教具的撥款大概只有數百至一千元左右，根本不足夠購買教學用的數學軟件。教署可以大批向外國訂購適合的軟件，供學生學習數學使用，亦可以在本地以中、英文兩種語言自行發展這些軟件，提供香港學生使用。

五、現時，使用數學軟件學習數學仍在萌芽階段。各數學教育團體要積極搜集老師在這方面的經驗，協助老師交流心得，另一方面，亦要參與設計專業訓練，幫助老師建立這方面的能力。

總結

現時的數學課程，明顯地不能訓練學生面對未來社會的需要，更不能有效地培育下一代需要具備的數學能力。因此，要盡快進行課程改革，要使學校更新現代化。數學老師要獲得訓練，數學課程要更新，學生才可以有合適的培養。就讓我們一起面對這個挑戰。

參考資料

[1] Mathematical Sciences Education Board, MSEB. *Reshaping School Mathematics: Philosophy and Framework for Curriculum.* Washington, D.C.: National Academy Press, 1990.

[2] National Council of Teachers of Mathematics, NCTM. *Curriculum and Evaluation Standards for School Mathematics.* Reston: NCTM, 1989.

14 統計學的活動教學法：中學生統計習作比賽

沈雪明　李金玉　林建

統計學是從應用數學發展出來的一門科學，它把數學的抽象理論應用到實際的數據分析上。由於應用範圍廣泛，從農作物的優選培育到工業生產的品質控制，從民意測驗到細胞核裏的遺傳因子異變，包羅萬有，使統計學比純理論的數學多姿采。也由於統計方法的範圍遼闊，從最簡單的平均數和圖表到極複雜的概率模型和渾沌理論，都在統計學的範圍內，所以在現代教育課程裡，統計學實在不容忽視。

在外國，統計教育極受重視。例如在英國，一整套的基礎統計教育從五歲開始，貫徹整個中、小學，旨在掃除"統計盲"，把全民的統計知識水平提高。反觀香港，情況卻不一樣。

香港的中學統計教育

在香港，小學課程裡只引進了一些統計圖表，用以描述和表達一些數據。中學的統計學教學，始於六十年代末期。那時的中學數學課程，受到了"新數浪潮"的衝擊，經歷了不少改革，其中比較重要的是把統計學引入了中學課程之內。當時香港社會開始穩定，經濟也開始快速發展，統計數字的運用也普及起來，對中學生灌輸統計學的知識，有相當的現實意義。

雖然統計學加入了數學課程已有近三十年之久，但作為數學教育的一個組成部份，統計學並未得到應有的重視。由於中學的統計學課程只局限於描述統計學的範疇，而絲毫不涉及統計推理，所以內容較易為學生明白及掌握。正因這樣，大多數學生及教師都把統計學視為較次要的項目。另一方面，很多傳統的數學教師本身對統計學的認識不深，所以也不大重視改進統計學這方面的教學。基於這些原因，香港中學的統計學教育，存在不少問題和缺點。在一次香港中學統計教學的評估中，Cheung 等 [1] 指出本港統計教育的一些缺點，摘要如下：

一、教材與學生日常生活沒有密切關係；
二、教授方法過於刻板；
三、教學重點錯誤地放在計算技巧而不在概念上；
四、統計學中的非數學部份每被忽略。

評估報告中列出許多克服上述缺點的提議，包括鼓勵學生多參與統計專題的探討和研究。這類統計習作的教育價值，早已為許多統計學教師所確認，例如Dolan [2]、Schoeman and Steyn [4]。然而，在1986年一項香港中學統計學教師的調查中，發現有百分之七十七點四的教師沒有利用統計專題習作作為教學方法。這實在是十分使人失望的。

中學生統計習作比賽

為補救上述情況，香港統計學會於1986年秋首次舉辦了《中學生統計習作》比賽。此後，這比賽每年都舉辦一次，至 1994 年 4 月，已舉辦了八屆。第一屆比賽只接納中三至中五的學生參加，從第二屆開始，則擴展至預科生。中三至中五列為初級組，中六及中七則為高級組。舉辦這項比賽有以下目的：

一、培養學生關心社會的意識，並鼓勵他們透過運用統計方法及資料，以科學的態度去認識本港社會；

二、增進學生對統計方法的興趣；
三、提供機會，使學生把統計學識運用於實際情況中。

參賽習作須以報告書形式呈交，中、英文均可。研究主題可就香港經濟、人口、教育、房屋、工業等範圍選定，但題目不宜太廣泛，以便就所選題目作深入的探討。每項習作須包括下列工作步驟：

一、釐定研究主題；
二、釐定一組或多組與主題有關的數據；
三、陳示、分析及闡述所選的數據；
四、撰寫報告書。

在以上（三）中，參賽者除需恰當地陳示數據外，還應盡量運用各種圖表及統計撮要指標以突出重要的論點。此外，還應分析及闡述所選的數據及加以發揮，以便能把數據背後的事實和訊息充份發掘出來。報告書中的論點應以所選用的數據及分析結果為主要基礎。

參賽習作按下列標準評審，這是參賽者可從參賽規則中得知的。

一、選用數據與研究主題是否切合？
二、數據的陳示是否恰當？
三、數據的分析和闡述是否恰當？
四、有沒有充份利用數據？
五、統計方法的運用是否恰當和正確？
六、數據的整理及有關的計算和運用是否準確無誤？
七、論據是否完整及合乎邏輯？
八、統計圖、表的運用是否恰當，能否幫助印證有關論據？
九、報告書是否流暢、清晰、簡潔和條理分明？
十、報告書是否整齊清潔？

有獨創性的參賽習作，可獲較高的評分。

數據的選取

在最初三屆比賽中，參賽者所用的數據只能出自政府部門的刊物，而不能自行蒐集。這個規則有優點也有缺點。

優點

一、可節省學生自行蒐集數據的時間。
二、從政府刊物所得的數據，較為準確。
三、評審員較易核對數據的來源及驗證數據的引用是否正確。
四、參賽者可藉此學會哪些政府統計數字可作為了解香港社會之用。這點尤有教育價值。

缺點

一、參賽者不能取得親自蒐集數據的經驗。
二、當學生自行蒐集數據時，他們便可同時學習編纂數據。從政府刊物取得的統計數字則已初步編好，未免太現成了。
三、研究的主題較受限制。參賽者不容易以他們身邊的事物（如同學、本區的社會等）作為研究對象。

在 1989/90 及 1990/91 兩屆比賽中，高級組的參賽規則撤消了對數據採用的限制。在這組的若干參賽習作中，確有些參賽者是自行蒐集數據的。他們對新例的反應很好。有些還告訴我們蒐集數據的經驗，形容為"有益的"及"難忘的"。

可是從 1991/92 的比賽開始，參賽規則又再限制為不能採用自己蒐集的數據。原因是從過去兩屆獲得的經驗，證實參賽者仍未能正確掌握蒐集數據的方法，因而蒐集的數據缺點甚多，而評審員又不能肯定哪些數據確實是"蒐集"得來，而不是"自創"的，因此只好再度限制選用數據的範圍。但範圍已不再限於政府部門的刊物，而包括了若干有聲譽的機構所出版的刊物。

講座與面試

從第二屆比賽開始，賽會每年都舉辦專門講座給有意參賽者及他們的導師。講座中除有專人解釋比賽規則及講解統計習作中常見的錯誤外，更解答師生所提出的問題，又將以往的優勝習作展出，以供參考。這些講座對提高參賽習作的水準應有好的效果。最新兩屆的賽前講座更詳細解釋如何製作一份統計報告書，從釐定主題、蒐集資料、編纂及分析數據、闡述結論等等，都有實例輔助解釋，讓參賽者著實明白何謂統計習作及如何入手。

從 1989/90 的比賽開始，評審的方法還增加了面試。無論初級組或高級組，初選入圍的參賽者皆被邀參加面試。面試中，參賽者需答覆評審員提出的問題，這樣評審員可評估參賽者在習作中曾作出多少努力，及對所用的資料和方法有多少了解和認識。

參賽的學生

參賽者可單獨一人，或組隊參賽。歷屆以來，參賽的隊伍不算很多。有關數字可見下表。

歷屆參賽隊伍的數目

	86/87	87/88	88/89	89/90	90/91	91/92	92/93	93/94
初級組	40	42	50	62	55	41	40	22
高級組	（未設）	24	32	29	19	29	52	45
總數	40	66	82	91	74	70	92	67

在香港四百多間中學中，參賽的學校每年都少於五十間，這數字殊不令人滿意。但鑑於香港的學校都十分重視考試，而每年又有過百其他各式比賽舉行，因而分薄了每個比賽的參與人數，所以上述的數字，其實也不致太使人失望。

另一點需要指出的是：雖然每年參賽的習作數目都未能突破一百大關，但為了響應這個比賽而完成的習作數目應比真正參賽的為多，這是因為有些學校把學生的習作先作遴選，然後才挑較好的來參賽。多年來，參賽習作的數目雖有起伏，但是踏入九零年代以後，參加的學校數目已經達至全港中學的十分之一，實在令人鼓舞。

對統計習作比賽的評價

優點

雖然參賽習作中有許多缺點和未盡善處，但我們覺得八年來，這項比賽已獲得無可否認的成績。

第一，參與以社會有關的事物為題材的統計習作，使學生有機會走出課堂，以研究的角度去接觸社會。由於香港的教育常被批評為過於著重考試而學生對社會認識不足，則上述的成就，實在很有價值。統計習作比賽確有助於補足過於學術性的中學課程。

第二，香港學生的成就，常被指為偏賴強記，而弱於把學術知識運用於實際問題上，而更弱的是不能把各科目視為連貫、融會的整體知識。學生參與統計習作需要把各科的知識（如數學、統計、電腦、經濟、公共事務、地理，甚至一些表面無關的科目）結合來運用，以研究和解決生活上的實際問題。這個非常有教育價值的活動，是現時一般中學課程所未能提供的。

第三，統計習作中所研究的問題，通常都是“開放”式的，和學生慣於接觸的“課本”式的習題不同。通過參與統計習作，學生可領悟到日常生活中，問題並非只有唯一的答案。他們必須搜羅各方面的資料，運用自己的才智，創建起自己的最佳答案。這種經驗非常切實，因而有很高的教育價值。

第四，教師方面，通過指導學生研究習作，參與賽會舉辦的講座，和評審員交流討論等活動，可以認清學生常犯的錯誤和缺點。若再把習作詳加分析，把錯誤和優缺點撮要分類，則可以提供許多高中課程中統計運用及誤用的生動實例。香港統計學會有意把這類例子編成小冊，以供教師作為附加教材。Li 和 Shen [3] 已經發表了這方面的初步成果。

第五，習作所包含的各類資料，可作非常有用的教材。這些教材，不只可用於數學和統計學，還可用於其他學科，例如，習作的主題可以顯示統計學的用處及其與社會的關連，因而可促進學生學習統計以至其他學科的興趣。電腦輸出的結果，可作為運用電腦的優、劣的例子。所蒐集的數據及分析所得的結果，可作為經濟及公共事務科目的最新資料，而這些資料是一般課本來不及提供的。總括來說，統計習作可使教材豐富，並提供研究的個案。

最後，參與習作使同學們有很好的機會體驗集體合作的工作方式。這方面的益處十分明顯，毋需贅述。

缺點

舉辦統計習作比賽雖有以上的好處，但下列幾點仍需注意及改善：

首先，學生必須明白習作選定的主題是為了解決或研究某問題，而不是由於有現成的數據可用而決定的。我們從許多參賽者口中得知，很多參賽者都先找得一些可用的數據，然後才從分析和闡釋這些數據中定出主題。一個較為切實的情況是先認定一些有重要性的或有興趣的題材，然後從各種不同的來源蒐集數據研究這些題材。我們發覺許多習作都沒有足夠的數據來支持其中的論點；參賽者採用"數據主導"的方法，而不是"主題引導"的方法，是其主要原因。

其次，由於"專題習作"在香港中學教育中不是常規的教學法，因此從事這類習作的學生通常都需要教師指導。可惜的是，許多參賽學校都沒有為學生提供所需的指導。賽會有見及此，因而在每年比賽前，為有意參賽的學生和他們的老師舉行特別講座，給他們一般的指導。這類講座固然十分有用，但由於每年只舉辦一次，決不能取代教師平時的輔導，尤其涉及學生的個別才能時，更非教師自己指導不可了。我們希望教師明白給學生適當的指導不一定表示干預學生的主動性和創造力，舉例來説，教師可以示範"統計"和"非統計"習作的分別，又可指導學生如何作出恰當的結論。

最後，參賽的學校比率仍未符理想（最近才攀升至略高於百分之十）。我們相信這是由於：一、師生同受重大的考試壓力；二、學生對統計習作欠缺認識，覺得無從入手，因而難以投入比賽，最新兩屆比賽的講座就特別針對這個問題為學生提供了確切的指引和幫助，減輕了學生的困難；三、一向以來，統計學似乎都只佔中學課程中較次要的地位。可幸地，隨著中六課程的修訂，一個新的科目《數學與統計》已經訂定並為若干學校所採用，學生亦於1994年參加該科的高級補充程度會考了。我們希望這個新課程能給香港的統計教育加點衝力。

結語

統計學必須以數學為基礎。多姿多采的統計應用正好滋潤相對枯燥抽象的數學教育。通過學習統計學，中學生應更能夠切身體會數學的功能，從而提高對數學的認識和學習數學的興趣。然而在香港，統計教育一向以來沒有受到應有的重視，尤其欠缺靈活性。我們以為"統計習作比賽"正是幫助中學生活學活用統計學的活動教學法，因而在此向讀者詳細介紹，並期望這個比賽能夠起一個帶頭作用，讓有關方面了解這種教學方法的優點，並在中學加以推廣和普及。

參考資料

[1] Cheung, P.H., K. Lam, M.K. Siu and N.Y. Wong. "An Appraisal of the Teaching of Statistics in Secondary Schools of Hong Kong." *Proceedings of the Second International Conference on Teaching Statistics*, 1986, pp. 241–244.
A shortened version appeared in *Hong Kong Science Teachers Journal* 14 (1986), pp. 171–186.

[2] Dolan, D. "Learning Statistics Through Project Work." *Teaching Statistics* 1 (1979), pp. 34–44.
[3] Li, K.Y. and S.M. Shen. "Students' Weaknesses in Statistical Projects." *Teaching Statistics* 14 (1992), pp. 2–8.
[4] Schoeman, H.S. amd A.G.W. Steyn. "Statistics Project Work: The Pretoria Experience." In *The Best of Teaching Statistics,* P. Holmes, ed., pp. 66–68. Teaching Statistics Trust, 1979.

15 數學証明與日常生活論証

黃家鳴

六十年代初期曾經成為世界潮流的"新數學"課程，對香港的數學教育改革也造成過一定程度的影響。然而，縱使在現今中學數學課程中仍能找得到一些內容選材上的痕跡，但由"新數學"運動引進的基本數學課題和教學主張，至今似乎早已湮沒於歷史之中。事實上已進入後普及教育期的香港數學教育，其所要面對的種種問題，遠遠超過了簡單的課程改革（黃，本書第七章），而當年新數改革派提出的基本主張，已經不太可能再得到任何的支持者。他們認為中學數學也應該使用精確和統一的集合論語言，再輔以數理邏輯，使中學數學亦有著相當程度的公理化與及嚴謹的數學証明。時至今日，一般數學教育工作者都已達致基本共識，同意數學學習必須配合學生的認知心理發展，首先從直觀認識開始，經過反覆的個別現象積累經驗，從具體進而抽象，由較模糊的認識發展到較嚴謹的系統化知識。

不過，由於"新數學"課程的推展，引發出關於（嚴格）數學証明在數學教育上的意義的討論，卻仍然值得我們注意。對於數學工作者與及數學教師來説，數學証明無疑是這學科的一項獨特標記，有別於其他學科，而且更是發展數學知識的一個重要步驟，甚至可以説是一項不可或缺的工序。正因如此，數學証明在數學教育上應該擔當何種角色，數學証明在數學學習上發揮著甚麼作用，在數學課堂上應該如何處理定理的証明等問題，仍然歷久常新，需要不同時期的數學教育工作者認真地思考；而在實際教學方面，更要針對學生的能力、興趣，配合有關的課程作出適當的處理。面對著後普及教育期的教學任務和特殊條件，這些問題也不能不重新加以檢視，以期適切地配合當前的教學需要。

本文所要討論的主題，正與上述問題有關。一般的數學教育工作者都強調日常生活經驗與數學概念學習的關係，而就數學証明來説亦往往認為日常生活的論証既是數學証明學習的起步點，同時亦是後者的一個可能應用範疇。筆者在此嘗試作出一個扼要的理論分析，指出數學與日常生活上的証明邏輯之間雖有相似之處，但兩者存在的分歧並不簡單，對學習數學証明方面有可能成為障礙。文中透過認知心理學和數學教育的研究結果，探討學生對數學証明所持的不同想法，指出這些想法與日常生活經驗可能存在的關係。本文與其説是直接回應上述數學教育的問題，毋寧説是旨在提供另一個相關的知識背景,作為數學教育工作者考慮這些問題時的一個有用參考。由於筆者在認識的局限，文中所提的資料和討論，對於回答這系列問題仍有相當距離；雖然如此，筆者相信這裏的分析在一定程度上提供了建立新觀點所需用的材料。

數學教學與數學証明

數學上的証明常常給人一種印象，通過它可以確立無可置疑的結論，達到肯定無誤的（數學）知識。這個提法自然將數學証明的作用過份簡單化，再者，甚麼才算得上是肯定無誤的知識呢？要回答這問題亦殊不容易。不過事實上在數學學習當中，數學証明給學生留下的印象卻頗為深刻。不少唸完高中數學的學生，會不自覺地將數學與証明兩者等同起來，因為數學的學習始終離不開大量各式各樣的定理和習題的証明。這些經過証明的定理或公式，在數學課堂上就儼然成為“真理”，一再被運用到解決其他相關的難題之上，其可靠性自然甚少會被懷疑。另一方面，不少教師總覺得透過數學証明，可以讓學生有機會接觸數學特有的思維方式，似乎亦應該是數學教育的目標之一。

當然，以目前的數學課程與及學生一般的學習興趣和能力來說，中學數學教學所涉及的証明已經比從前（七十年代）相對地減少了，但很多教師在課堂教學中仍盡可能以淺易或簡化的方式說明有關的定理和公式，這種做法作為一種解說方式，以利學生明白和連繫相關的數學知識，其實也是教學上的一種必須；不過在這種情況下，當然談不上証明的嚴謹性，更不能如從前般講究証明步驟的簡捷，然而証明在當前的數學教學之中仍然有其顯著的角色。

不少有關數學証明與教學的討論，一方面較集中在所涉及的數理邏輯上，而另一方面則嘗試對比日常生活裏運用的論証與數學証明中相似的方法（和邏輯）。這兩個著重點都是易於理解的，尤其是前者，因為數學証明中涉及的形式邏輯，好比語言中的文法一般重要。而在"新數學"課程實施時，基本的數理邏輯乃是正式的教課內容；從初中開始，學生便被訓練進行符號邏輯的推理運算，寫出一系列相當符號化的証明步驟。因此之故，談起數學証明便使人聯想到數理邏輯上面去，甚至將兩者混同起來，也是不無原因的。

從邏輯思維到証明的理解

早期的數學學習研究，與數學証明相關的，均以其邏輯結構為焦點。研究者欲探討的，主要是學生在處理形式邏輯或運算規則時所表現的抽象思維能力。例如有研究學生在一個簡單的符號系統中利用規定的幾個運算法則証明某些符號關係時的表現，作為反映學生在構作証明時的解難能力。這項証題工作，只有符號間形式運算上的關係，而沒有具體的實質內容，其實有點像符號遊戲。亦有研究用結構圖象來分析學生作出的符號運算証明的不同邏輯結構，也是著重探討學生在邏輯思維方面的表現與及運用邏輯推理法則時的策略。

另一類研究則試圖利用較為具體的數學內容來測試學生，

瞭解他們如何作出概括性的判斷，並且能否提出支持的理由。Bell [2] 以一百六十位年齡介乎十一至十八歲的學生作對象，從他們答問的對話內容分析中，得出三個與年齡大致相關的階段。在第一階段中，學生能夠識別，描述和推廣規律和關係，但並未嘗試解釋或論証。第二階段屬過渡性質，較難概括形容，學生會提出不完整的演繹式推論，結合零碎的解釋及一些必要的驗証。第三階段的學生基本上已能提出完整演繹式的証明，又或者作出徹底的驗証，能夠識別不完全的論証等。以上三個階段的描述看來並無新意，因為無論怎樣分類，也很難超出這幾個可能的類別。但重要的是，這個研究已脫離單單著眼於形式邏輯思考的面，轉而探討數學思維的其他特質。

Bell [2] 指出証明本質上是一項公共活動，縱使有時只會由主體自身進行，但亦會在假想中面對一個有可能出現的懷疑者。他認為証明這個概念的發展，首先來自主體在考慮一些概括推論時，內部所進行的思考、檢定、接納或否定，而這些過程逐步外化。起初遇上設想與他人的意見有抵觸時會修改自己的提法，及後開始注意証據。然後逐漸提出系統的論據，尋求有效的反例與及持守堅實的論理基礎，最後階段自然是意識地提出明確的假設作為論証的起點。而只有當學生意識到知識的公共性與及明瞭公認的檢定的重要性時，才可以欣賞到証明的意義。Bell 同時亦指出這一個（個體）發展過程，也正是數學史上歐氏幾何系統的証明模式發展起來的過程。

Bell 的想法，影響著隨後的研究，開始更多分析學生在不同數學內容中作出証明過程時的反應，考察其推理能力與及對証明數學內容本身不同程度的（主觀）理解。可以說，初期的研究將學生的不正確做法和表現歸類為錯誤和理解上的偏差，或者是推理能力上的欠缺，但隨著研究的焦點向學生的主觀想法上轉移時，學生個人對証明的理解方式自身便成為研究者的興趣所在。這個轉變多少也同時反映了近十年來在認知心理學上對孩童及一般成年人在不同知識範疇內所抱持的"直觀理論"或"非專家理論" — 即相對於專家的科學理論 — 的重視。

順便一提，還有另一個研究主流，將教學上的証明題，包括代數或幾何的難題，充當解難過程研究的材料，以探究學生在解決這類証明題時，如何運用知識、作出選擇、計劃、評斷等思維活動。這些研究與解難的學習自然關係密切，尤其是對協助學生有步驟地解決幾何或三角方面的証明題，有一定參考價值。不過這些討論偏離本文中心，在此從略。

下面我們將會逐步看到，Bell 所提出的第一至第三階段之間的發展，由直觀地、片面地理解數學証明的方法到完全掌握數學的演繹証明模式，在理念上是一個大飛躍，要跨越的差不多可以說是兩個不同世界的思考方式。而中間的過渡階段，還存在著形形色色的誤解和偏離演繹邏輯的想法，事實上在 Bell 的研究對象中，就只有約百分之十左右的學生被界定為達致第三階段。這個第一與第三階段的差別，也許對於早已習慣了數學思考方式的教學工作者和教師來說，已經不甚明顯了；又或者正因如此，學生對數學証明的誤解，反而會使他們感到詫異不解，而容易將問題單單歸咎於邏輯思考一方面。

不同的論証模式

數學被認為是一個訓練抽象思考的學科，由來已久。一種想法是從學習數學中所得的邏輯思考方式，可以轉移運用到日常生活的各種處境，解決其他問題，而從數學証明中所習得的方法，正有這方面的價值，亦因此更肯定數學証明在數學課程中的意義 [9]。另一種相關的提法，則認為日常生活中的論証與數學証明的方法大同小異，可以利用前者作為具體例子來進行教學，引介數學証明所採取的方法，以利學生理解。利用日常生活經驗作為教學的立足點，這當然無可厚非，亦切合一般學習心理學的理論。不過在作這方面的嘗試前，也應該同時對兩者的分別有透徹的瞭解。正如前文一再強調，証明除了形式邏輯之外，還涉及另外的一些東西。未詳論這些究竟是甚麼以前，讓我們先來審視一下論証這回事。

Toulmin 在《論証的運用》[17] 一書中嘗試分析人們在不同處境 — 諸如各類學術研討、社會活動和日常生活中 — 用到的論証，大致歸納出一個共通的結構。這個結構的用意，並不能作為直接識別某個論辯中的各個組成元素，而只能通過整體分析，重構在論辯中各個語句所發揮的作用，才可以得到這個論証的框架。Toulmin 指出論証必然都是與處境相關的，在不同的情況和需要之下，諸如在法庭審訊、科學研討會議、課室講解、醫生診斷等，各有其特定的推理準則和援引理據的要求，這些不同的標準規範模式皆不能被約化成單一的邏輯類型。

Toulmin 區分兩類的論証方式："分析論証"和"實質論証"。一個合乎演繹邏輯的結論，其實早已"潛藏"於前提當中，論証所做的，不外是將這些隱而未見的部分顯示出來，這類稱為"分析論証"。與之相反，"實質論証"則是嘗試透過連繫特例的具體情況，變通部分條件加以應用，從而擴充前提所載有的訊息內容，乃一個增進知識的過程。數學証明在邏輯意義下當然屬於"分析論証"，但以上的描寫對數學証明未免太概括，因為那些所謂"潛藏"的部分能否如此簡單地顯現出來？而"顯現"過程本身是否同時呈現了另一層新的認識呢？這些都是我們要注意的問題，不過由於它們並不影響以下的論述，因此也就按下不談。重要的是，Toulmin 的分析使我們看清楚在數學以外被運用的那些包含不同內容的"實質論証"，從演繹邏輯來講可能不能成立，但它們都有著與數學論証很不相同的有效性判斷準則，因此這些論証在本質上是有別於數學証明的，而日常生活中相當多的論証也是如此。

日常生活的論証

毫無疑問，日常生活的論証總脫離不開一些特定的處境，而且往往是與具體的事例相關又或涉及實務的處理。由於生活習慣和文化薰陶，不少事物情理在日常生活中經無數次的重複接觸，漸漸變成了我們不自覺的思考基礎，再難與思考本身分離開來。這個基礎當然是必須的，正如 Bruner 所言："這個框架建構提供了一個構築世界的方式，識別當中的變化，將事件區分開來等等。如果我們不能進行這種框架建構，就將會失落於一團雜亂經驗的迷霧之中，甚至連種系的生存也不能維持。”（[3]，56頁）。正是基於這個不自覺的基礎，生活世界的種種經驗，才會被個體看成或理解成自然的、合乎邏輯的、理所當然的。

從 Toulmin 的分析中，人們看到論証總有一個理據框架來支持。在一般的人際交流活動中，參與論辯的各方常常抱著不同的理據框架來進行交流。在簡單或短暫的意見交流中，這個差別大致並不妨礙建立一個臨時性質的共通框架，進行溝通。而進行更深入交流時，參與者才會意識到這個理據框架之間的分歧。然而，後一種情況卻並非經常在日常生活中發生，而只有在比較認真的討論會或者學術會議，這方面的分別才會成為參與各方必須討論的內容之一。

不過，就個體的認知發展來說，透過這些各種不同的論辯，漸漸亦會意識到人們的論証往往建基於不同的假設上面（正如前述 Bell 的想法），只是這些理據基礎卻甚少需要明確地列出。當然，我們也必須承認，學生在學校教育的經驗，透過不同學科的正規學習，在論証方面也得到一定的訓練，能夠判斷不同論証的有效性，識別論証所需要的理據和基礎。事實上，學術科目的學習本身，都會著重論述的技巧，運用具說服力的論証，明確地舖陳有關的資料和支持的理據等。

至於日常生活中的論証自然亦有依附的理據框架，不過要分析這個基礎當然不容易。幸好“日常生活”正是一些哲學家和社會學家曾經深入分析的主題，我們可以從中得到一點啟發。這方面我們稍後再討論，現在先舉一個實例來說明上述要點。

即如在考慮長方形的性質時，我們會遇上長方形對角線相等的証明。長方形這個概念既是日常生活的經驗部分（以 RL 代表），同時也是（有嚴格定義的）數學概念（以 RM 代表）。當我們向學生論証長方形對角線相等時，我們進行的，確切地說，應該是按照教學的論証模式，証明（數學概念的）長方形（即 RM）的對角線長度相等。這裏 RL 與 RM 所指的縱使都是長方形，但它們有意義上的差別，至少可以相信 RL 不會有如 RM 的嚴格定義（通常是以最少的條件來界定），並且學生之間對 RL 的理解方式也不一致。由於我們在數學課堂（中小學皆如此）講論長方形時，正是基於學生的日常經驗開始的，在這種情況下不太可能向學生明確指出 RL 與 RM 的差別，尤其當 RM 的建立乃是基於對 RL 的熟識！於是兩個不同含義的概念（RL 與 RM）和兩個論証模式（日常生活的與數學的），不同的組合方式卻不一定匹配的。即如將日常生活的論証方式用在 RL上，學生就很難理解數學証明做的是怎麼一回事。只有掌握 RM 的意義和數學系統內的推理規範，才可以正確地理解這個証明過程的實際意義。

RM所採取的定義方式通常是包含最少條件的，而數學証明的任務，乃是利用其他已確立的定理（諸如三角形全等關係的判別法），由這個作為RM 所設定的基本條件中導出對角線必然相等的結果。可以說，這個是數學論証的框架，亦只有明確地掌握這個框架作為規範來進行或理解有關的論証，才算得上是一個數學論証。事實上，這個數學証明的目的，既不是由於我們懷疑長方形的對角線不等長（雖然我們可以懷疑），而另一方面，光是証明也未必會增加我們對這個事實的肯定性。（以上兩個是日常生活中論証的主要目的！）這個數學証明毋寧說是通過上述的過程，重新認識各個關乎長方形的條件之間的關係，從而發展另一層次的瞭解。（對於對角線是否等長有所懷疑的人，當然也同時可以確認這事實。）這種數學証明的目的，明顯與日常生活較為實用的需要有很大分別。

若置身在日常生活的框架中，這個論証的方式就根本難以理解。我們必須認識到，所謂合適的理由或解釋，完全視乎所參照的框架是甚麼。以日常生活的基礎（經驗）知識來看，首先就不存在証明長方形對角線相等的需要，因為在每次接觸這個對稱圖形時，直覺上早已認為對角線長度一致，我們的感官不斷重複這個經驗，以致我們根本無法想像得出一個對角線不相等的長方形。事實上，這個對角線等長的性質很有可能是（某些人的）RL 中的一個條件。再者，在嚴格意義下的長度相等，由一開始便排除了用尺來量度的方法，因為量度總有誤差，達不到這個嚴格的數學要求，這也是與我們以經驗知識為主的“自然態度”互相矛盾的。至於要証明每一個長方形都有這個性質，同樣也是日常生活事務中少有的要求。日常生活中往往只需要通過歸納邏輯便得出令人信服的結論，亦即驗証數個稍有代表性的例子（並且沒有找到明顯的反例），已有足夠說服力，與數學框架內的嚴格意義，相去更遠。換而言之，學生要完全無誤地理解這個長方形對角線相等証明的（數學）含義，首先得脫離日常生活的"自然態度"，進入數學論証的框架，遵循另一套遊戲規範，這個要求自然不單只是一個邏輯推理能力的問題。

我們必須承認，學生往往只是以務實的態度面對學習和功課，而甚少像一個理論家那樣看待知識和難題。面對功課上的難題，能夠找到一個可以被（教師）接受的解答已經很足夠。對於一個務實的人來說，效率才是他的問題，至於理論上的嚴謹性，一般都沾不上。可以說，一個難題所需要的是解決，而不是要達到新的認識，至於解難所要運用到的邏輯思考，也不會超過一個解答所需的最低要求。

認知障礙

如果數學証明這個問題的性質比較隱晦含蓄的話，我們不妨再考慮另一個較為明確的例子。大概在中學學習物理科的牛頓力學體系時，不少人在初期都會遇上一些困難，諸如在分析一個機械組合中力的性質和方向時，會不自覺地連繫到日常生活的經驗上去，以致弄得一團糟，理不出一個頭緒來，甚至連這些力和運動方向等也模糊起來。要成功地掌握牛頓力學體系，其實必須明白到這個力學體系並不直接描述我們肉眼所見或者身體感覺到的力學情況，因為物理現實本身的現象牽涉很多複雜的因素在內。這個理論體系反而是通過一個抽象的、簡化的概念系統，確立不同的物理定律和相互關係，才再將現實世界的問題通過這個概念系統逐層分開，有步驟地分層處理。（故此開首的理想狀況和簡化處境，與現實相差很遠。）而這個系統裏所講論的力，其實是一個嚴格的科學概念，與日常生活所講的或感覺到的所謂"力"，根本是不同的兩回事！因此，學生若要成功地學懂牛頓力學，也得嘗試暫且放下直觀的生活經驗，學習按照這個系統內的概念分析來看待物理現象，尤其在起步點上，若能將二者截然分開，將牛頓力學體系當成一個與現實世界無涉的理念系統來看待，可能更輕易地進入這個系統的思維方式。只有經歷這樣一個學習過程，才能領略到這個力學系統的實質意義。不過必須聲明，這個分析目的僅在於說明兩者之區別，而並非作為一種教學策略來討論 ，不附帶任何實質的教學建議。

以上有關學習牛頓力學的討論，看來只是理念上的想當然，然而在過去十多年認知心理學的研究，其實亦大致証實學生在學習物理學時，本身早已持有不少直觀的前物理學知識。一方面物理學概念與日常用語無異，但事實上它們分屬物理學和日常生活經驗兩個範疇，有著不同的含義，並且還有著不同的相互關係。正由於概念系統上的彼此相似（例如力學談論的也是力、速度、軌跡等），從生活經驗中積累的，往往是不自覺的知識和想法，對於學生學習物理學理論時要掌握正確的理解，形成一定的障礙。研究同時又顯示，這些所謂學生的直觀物理學理論，縱使經過一定時間的（正規）物理學學習，也不容易完全改變過來。在此必須指出，這些直觀物理學固然有其不足甚至錯誤之處，但在日常生活上卻是一套很有效率的理論，這也是直觀物理學之所以產生和得以維持的原因。

發展到這裏，引入“認知障礙”這個概念，對審視這個問題有一定適切性。這個概念乃法國哲學家 Gaston Bachelard 在他的《科學思想的形成》（1938）一書中所提出，用以理解科學理論的歷史發展。所謂“認知障礙”，乃是潛藏於認知活動本身，與認知行為同時並存，卻又是當下的認知活動本身無法逾越的限制。雖然 Bachelard 所針對的是科學研究活動中理論思想的發展，但作為工具概念類比地運用在理解學生學習亦頗恰當，事實上八十年代初期法國數學教育研究者 Guy Brousseau 就將這個概念引介入數學教育研究領域。簡單來說，當運用到學習過程上時，“認知障礙”乃是指學習者本身既有的某些知識，而這些知識會直接妨礙新知識的建立，若要真正掌握新知識，必須先克服這些障礙。換言之，要完全意識地確認新舊知識之間的歧異。剛才在有關學習力學的例子中，我們亦論及要完全理解這個力學體系，必須認清從日常生活經驗而來的"力學常識"，瞭解到這些常識與牛頓力學體系本質上的不同。在這個意義下，日常生活中的力學（經驗）常識便成為掌握牛頓力學體系的"認知障礙"了。

回到前面討論有關長方形的例子中，學生要意識到 RL 與 RM 兩者的分別，明白教學課堂所針對的，是 RM 而不是 RL，這樣來理解有關的証明，才算得上方向對頭! 而要理解 RM，必須弄清既有的概念 RL 在識別條件上的模糊性和不嚴格性，乃不適合數學討論框架的要求。如此說來，RL 亦構成對學習 RM 的"認知障礙"了。若以數學學習來說，不少數學概念在建立時都以具體的事物經驗為基礎，亦同時運用到直觀的數量或關係，但一旦這些數學概念被確立後，它們就猶如有了自己的生命力，按照一定的規律運算或再與其他概念建立新的關係。數學學習者若不能適時擺脱開始時與直觀經驗的緊密聯繫，進入數學理念形式思維的世界，也就會受其束縛而引致學習上的困難。這個情況，大概也可以用上 Bachelard 的"認知障礙"概念來分析。

單就數學証明來說，或者有人會認為日常生活的論辯方式會對學習數學証明帶來益處。不過正如前面亦有提及，我們在一般場合或社交談話式的論証，對有關日常事務上的証明，其要求與數學上的情況其實很不相同。例如我們比較容易接受由幾個例子推論出來的概括性的結論，又或者經過討論妥協而同意某些決定性例証的有效性等。這種較為務實的處理論辯的方法，在基本精神上與較為傾向理論性的數學証明完全是兩回事，因此難怪 Balacheff [1] 認為這類所謂日常的"論辯行為"，對於學習數學証明，有可能成為真正的"認知障礙"。

對數學証明的誤解

回顧數學教育的研究，已有不少証據顯示出學生對數學証明的意義存在各種各樣的誤解。Fischbein [10] 發現他測試的一批高中學生之中，有大部分人一方面認定一個數量關係（n^3-n 可被六整除，式中的 n 為正整數）的代數証明正確有效，但另一方面卻認為代入實際數字來檢定這個關係仍有必要。當進而被問及某個整數代入後未能成功被六整除時，只有少部分學生清楚肯定計算上必然有錯誤，而另外不少學生由此推斷上列關係可能對部分整數不成立（他們同時接受上述的代數証明的正確性！）。總計只有約百分之十五的學生答對所有問題，可以算得上完全明白這個代數証明的意義。

Fischbein 和 Kedem [11] 亦得到相似的結果，他們的結論認為一般學生對論証的有效性直覺上傾向一種實証式的理解，若能夠得到更多驗証的支持，論証就越可靠。Fischbein 與 Kedem 認為學生在一般情況下並不意識自己這種偏向，表面上他們或許能夠區別演繹和實証歸納的論証有所不同，但當他們對這些論証的有效性的信心受挑戰時，即如面對像以上研究的非常規問題時，較深層的態度就會顯露出來，從而嘗試尋找更多例証的支持。

另外，類似的研究亦發現，在學生眼中，有些條件足以令他們將一組數學語句看成是証明。分析高中學生在受試中的表現，發現他們大多只會以一些表面的特徵來辨別有效的証明，換句話説，他們依靠的乃是一些平常在數學課堂和教科書上慣見的標準証明形式。

在一個有關學習幾何証明的研究中，Chazan [4]（如預測一樣）發現學生在証明幾何性質時，誤認量度方法的有效性，他們測試量度幾個被認為有代表性的例子以後，便認為有關的幾何性質已有足夠有效的証明。更有趣的是，Chazan 還詫異地發現有少數學生，竟然持有另外一種誤解方式：他們不接受一個演繹証明的有效性，足以肯定所有其他在相同條件下的圖形，皆如演繹証明所証實的一樣正確。他們提出的原因，是這類証明中所利用的圖形，只是一個特殊的例子，未能由此而推斷其他同類圖形的情況。由這個發現看來，我們習以為常地在幾何課堂上所作的圖形，由特殊到一般，又或者由一般到特殊，就學生的理解來説，卻並不一定如我們想像中容易簡單呢！無論如何，Chazan 所發現的這兩個情況 —“將証據當成數學証明”和“將數學証明當成証據” — 都頗值得我們注意。

無可置疑，學生所持有的那種深層的經驗主義態度，乃植根於生活經驗之中。在日常的實務，信念的可靠性一般來自有效的証據和積累更多一致的經驗。Smith 和 Henderson [16] 較早時檢討數學証明的學習情況，亦曾提出過學生開始時都是經驗主義者，孩童時代的觀察學習方式和嘗試實踐的經驗對他們影響至深。不過他們當時似乎還未估計到這個經驗主義的傾向，足以歪曲日後對數學演繹式証明的正確理解。值得一提的是，Martin 和 Harel [15] 甚至發現在一批受訓為小學數學教師（正修讀一指定的大學初級數學課程）當中，有超過三分之一將演繹式和歸納式的論証都當成有效的數學証明。如此看來，我們或許要承認，若以學習過程而論，數學上演繹系統的論証模式，相對於從日常生活而來的經驗主義思維方式，猶如分屬兩個世界一般，並不容易由此岸過渡到彼岸。

兩個範疇的區別與本體知識

在一定程度上，日常生活的經驗知識，關乎實務的和社會性的知識，在性質上與數學知識頗有分別。即如在日常生活中，乃是透過不同處境而且多次重複的事件和相互作用而逐步累積經驗。由於這些實務基本上都是涉及人的參與，甚至認知主體本身亦是參與者，因此對事件的理解必然牽涉人的主觀意圖和客觀行為，與及社會特定的文化背景和道德規範。人們會發現事件往往可以容納多個迥然不同的解釋角度，而日常用語本身所帶有的彈性和模糊性也適切地配合著這個需要。

人們在這個錯綜複雜的因果關係網絡中的經驗總是片面的，常常存在著不能掌握的有關資料，於是令他們相信日常生活的事理縱然有規律，有跡可尋，但同樣也得將不少例外情況考慮在內，事情經常有意料之外的發展和突然的人為因素的參與，每個事件有其獨特性，以致任何普遍化的提法必然有不足或疏忽之處。雖然如此，人們仍會照樣提出一些概括性的想法，只是明白背後存在一定的局限性。日常生活的事件有頗大的偶然性，有些事件在發生之後，真相可能永遠無法知曉，事件亦不可能重覆出現，形成人們面對生活時傾向考慮個別事件多於思考普遍性的問題，務實的考慮多於理論性的設想。

以上對社會生活經驗的扼要敍述，只能是概括性的，不過比較起我們的數學經驗和對數學對象的認識，兩者的分別已是相當明顯，在此也就不贅述了。值得一提的，反而是由此衍生的一個關乎理論與實踐的問題：學生若要充分理解數學內容，是否需要對以上的分別有所認識呢？換句話説，這兩個知識範疇的性質是否需要意識地區別，才能對數學達致充分的理解呢？這個問題牽連甚廣，超越本文討論範圍，在此只能按下不表。但可以説，我們在這裏討論數學証明的有關問題，正是上述普遍問題的一個特殊情況。

這個知識範疇之間的區別，與近年一些心理學研究亦有密切關係。心理學家在研究兒童的認知發展時，發覺兒童對自然界的事物（natural kinds）、人工事物（artefacts）與及按習慣或共同約定而定義的事物（nominal kinds），從幼年開始似乎已掌握了某程度的認識甚至涉及相當複雜的想法，足以令他們區別不同範疇內的事物或現象，以至於依據不同的性質特徵來推理，並且幫助他們理解這些範疇內較為陌生的事物。（詳見 [6、12、13]，在此從略。）Keil [12] 借用哲學家 Fred Sommers 提出的"本體範疇"概念，指出兒童和成人在一些語意學習的現象與及對事物深層理解上，均表現出類似的、以本體範疇為骨幹的理念架構，呈現他們對不同範疇事物複雜的知識。這種既複雜又似乎不自覺的對實存事物本身不同本質範疇的認識或信念，Keil [12、13] 稱之為"本體知識"；就筆者理解，這種知識也許是現象學家所稱的"生活世界的知識根基（the stock of life world knowledge）"的重要組成元素。

正是由於日常生活世界的經驗偏重人為事物與及自然界事物，而數學經驗縱使由這些事物作基礎卻又傾向純粹（而且不涉社會人文因素的）約定定義式的事物，在（心理學意義下的）本質上有所不同，筆者推斷學生在長期的數學學習後漸漸會形成某種相關的本體認識，將日常生活的經驗知識與數學知識區別開來，當成不同範疇的事物來看待。從這個角度看，則學生個人已有的本體知識，或多或少地會對他的數學概念以致學習構成影響。

必須強調，這個假想帶有很強的臆測色彩，而且要得到肯定的証據，即使並非沒有可能，也不會是件簡單的工作。換一個角度來看，有關數學知識的本質問題，由來已久。數學知識比較起其他明顯來自經驗的知識始終保持著某種獨特性和超然性，哲學家和數學家至今亦未能達致一個完備滿意的觀點，可以兼容數學知識的先驗性和實用性。雖然這個時代的哲學主流傾向經驗主義的提法，但在這個前提下要疏解的難題仍多[14]。而前述學生在這方面不自覺的本體知識，可以説是這個哲學問題在心理認知層面上的一種反映。認知主體本身的數學經驗漸漸不自覺地對數學事物的本質形成他自己特有的一些看法，反映著數學知識與其他經驗知識之間的分別。

以上的論點牽涉的哲學討論較多，在此只能從略。但值得補充一提的是，儘管這些提法有些不夠實在，但這個本體知識的觀點目前在學習心理學理論上的確有其一定的解釋能力，例如 di Sessa [8] 嘗試從這個角度探究人們建立直觀物理知識的認知過程，另外 Chi [5] 運用本體範疇來界定概念系統的不同發展方式，從而解釋不同的學習現象，並且與研究學生在科學學習的困難及誤解方面所觀察到的事實相當一致 [6、7]。由此足見以上的提法在理論上具有一定的解説力，亦頗有發展的機會。

兩個範疇的論証基礎

透過本體範疇的層面來分析日常生活的經驗知識和數學知識，兩者明顯分屬不同範疇，這一點前面已有交代。基於這個觀點，現在可以回到我們的中心問題上來，即比較這兩個範疇內論証行為的基本框架。我們將會看到，這兩個範疇其實有著不同的論証原則和基礎，因此我們在談論兩者論証的相似之處時，不得不同時注意到它們之間所存有的基本分歧，才能對有關問題掌握較全面的瞭解。亦只有本於這個認識，才能重新檢視學生在學習數學証明上的某些難題和誤解的原因，這也是本文的要旨所在。

當然要作一個徹底的分析並不容易，正如前面已一再提及，當一些信念和原則成為思考本身賴以運作的基礎時，這個基礎自身便會隱沒在思考當中，在一般情況下甚少暴露出來，只能在與其他框架產生矛盾時才從比較中察覺到這些在不同範疇內相異的部分元素，因此我們不能輕易地將這個基礎完全釐清。在此筆者嘗試透過一個比較列出這兩個範疇的論証基礎中存在的一些相異之處，以便指出這兩種論証方式本質上的分別。（見附表，表中所列的只能是一個初步嘗試，進一步更詳細的分析還是可以的。另外亦請注意，以下分析的，是學校裏教授的數學，而非研究活動中的數學，因為二者其實有不同的活動目的，因此論証的處境和需要並不相同。）

從列表的比較我們可以較為具體地認識到這兩種論証的不同之處，問題是這些分別是否足以構成學生在學習上的困難甚或導致不同程度的誤解呢？學生又是否有需要某程度上瞭解這個區別才能正確地掌握數學証明的意義呢？這些就不單是理論問題而是現實經驗的問題，得由實際的觀察和測試來回答了。不過單從理念分析角度已不難看出，兩個概念系統內求真和肯定的方式和想法並不相同，由一個系統轉入另一個時，求知和推論的基礎原則完全改變，有點像地心說與日心說之間的迥異，不能看成是一個系統簡單的擴充或修改 [5]。若由日常生活論証的基礎出發來學習數學証明，所要經歷的概念系統改變，並不亞於一個哥白尼式的革命，可以界定為知識系統中一種“強變化重組”或 Chi 所稱的“根本的概念轉變”。由此推斷，這種學習會遇上建立新的本體範疇的需要 [5]，又或將概念系統作大幅度的改變增刪，而這些都意味著一定的困難。假如在未完全掌握數學証明的基礎原則前，不自覺地利用日常生活論証的想法，導致的當然會是一些對數學証明的誤解。在這個意義下，日常生活的論証經驗本身便成了學習數學証明的“認知障礙”。以上的理論臆測，還需要經過實証研究來加以探討，本文的理論探討暫此作結。

結語

無論數學証明在未來數學課程及教學上的比重和角色有多少改變，肯定的是它始終會是數學教學活動中一個不可或缺的組成部分，對它的研究將會隨著學習的需要而不斷發展，新的研究觀點會不斷被開拓。本文嘗試從邏輯思維以外的角度來討論數學証明的學習，其重點在於指出學生對証明本身所持有的不同理解。文中的分析經已指出數學証明與日常生活論証之間存在著一些根本的分別，並且從理論上推斷日常生活的論証經驗不一定是引介數學証明的合適經驗基礎，更有可能成為後者的"認知障礙"。不過本文只是從理論角度探討，這些推論目前還有待通過實驗作進一步的檢定。

數學教師關心的，自然是這些理論和分析結果對實際課堂教學的意義。譬如説，究竟在教學中應否引用日常生活的論証來討論數學証明的方法呢？就這方面來説，筆者認為重要的並不是一個應該與否的答案，而是以上的討論結果豐富了教師對這個問題的理解，在設計教學策略時可以作為參考，就具體的教學內容和學生的既有知識選擇適當的引介方式，能夠預先估計學生可能持有的不同觀點，這對於設計有效率的教學策略有一定幫助。事實上，如果我們省察一下課堂教學活動本身，它一方面是教師與學生日常生活的一部分，又同時以數學內容作為中心，教師在這個處境之下講論一個數學証明，為了達致教學目的，其實也會不自覺地運用日常生活的論証技巧來表達有關的數學內容，以期對學生具有説服力。如果沒有通過上面的理論觀點加以分析，教師可能不會察覺這個活動本身存著微妙的雙重性質 — 一個論証同時在兩個不同的框架中進行。能夠從這個帶有互補性質的角度看待問題，往往比一種非此即彼的思維邏輯較能容納更多不同的（甚至帶有矛盾性質的）現實內容，在方法論上這亦是一種進步。本文若能透視這個問題的複雜性，刺激讀者作更深入的思考，則筆者的寫作目的也算是達到了。

附表　兩個範疇的論証框架

日常生活世界	學校數學
一般情況下很難完全肯定日常生活中得知的事實（因此存疑是必須的態度）	數學知識乃是確認肯定的
對普遍的提法（或關乎無限多的情況的提法）一定程度上很難確証	數學上對全稱命題通常可以通過適當的處理証實或証明不確
日常生活裏一般不需要對事理絕對地肯定（只要有關事情的肯定程度足以令人選擇合適的行動即可）	絕對肯定正確的定理、運算結果、公式等等是數學講論中的必須（雖然在課堂上會因應學生的知識程度而需作彈性處理）
所謂真確的事情往往帶有臨時性，未來出現的新資料可能會令已被確認的"真相"得到修改	經過（正確）証明的教學知識必然是真確的（亦不會有修改的必要）
直觀地正確或錯誤的事情一般都被公認而無需加以証明（當然亦按討論的處境而改變）	嚴格來説，只有公設才免於証明的需要（但所謂明顯的數學事實會因應討論而改變）單以直觀作判斷一般不能成為對錯的衡量準則
所謂真確的衡量準則會按情況、需要而不同，包括：可靠的權威、社會認同、與已知的事情一致、由見証人確認、供詞、証據、與所理解的現實吻合、實用性、……	真確的衡量準則，有效的演繹式証明
"真確"的事物一般與經驗和直觀的現象一致	真確的數學知識基本上是假設性的，建基於公設（單從結論來看並不一定與其他直觀的想法一致）
論証基於一個複雜（甚至有內在矛盾）的因果網絡，而這個網絡乃植根於特定的社會和文化背景	証明基於形式邏輯的原則與及幾何與數量的已知關係，在學校數學中通常是簡單的線性邏輯關係

（續下頁）

（接上頁）

附表（續） 兩個範疇的論証框架

日常生活世界	學校數學
証明的目的乃在於弄清事物或顯示真相，只有當一個提法未及肯定來決定下一步行動時，才有証明的需要	証明乃是確立真確的數學命題所必須的過程，同時也可以顯示出某個命題與其他命題的關係
無窮後退的可能性一般不明顯，因為論証通常由社會及文化背景限定其基礎	由於演繹式的邏輯形式，很容易顯示出無窮後退的可能性
論証被接受的程度會因人而異，縱使理解和思辯能力相似	（正確的）証明應可以被有足夠背景知識的人共同接納
普遍性的提法通常被理解成容許有例外的情況（只要是少量或不太重要的情況）	普遍性的提法和特例在數學上有嚴格意義，全稱命題必須無例外（又或者已聲明有關的例子）
驗証式的例子可以增加一個提法的可信性，例子越多，可信程度越高（注意絕對肯定既非必須又不一定能達到）	對於一個關乎無限個別情況的命題，驗証式的例子無論多少也不能証實有關命題
原型事件及例子是較佳的証據，不過也有例外的，有的極端例子可以是更好的証據	証實式的例子一般不能構成証明，因此是否原型例子不一定有特別意義（要區別的反而是例子的重要性質和隨機性質）
以例子來驗証被認為是有效的証明手段（對特殊或普遍命題皆然）	以例子來驗証只對關乎有限情況的命題有效（而且必須是窮盡所有可能性的驗証）
以相關的非例子驗証失敗可以交待命題，增加可信性	（相關的）非例子驗証失敗情況，對命題的真假與否毫無影響
一個反例通常不足以推翻一個提法，完全推翻一個提法要靠多些反例	一個反例足以推翻一個（全稱）命題（再多的反例是不必的，雖然對修正命題本身或有幫助）
實踐可以是一個有效而具説服力的論証步驟	實驗、驗証對數學命題的証明基本上無效

（續下頁）

（接上頁） **附表（續） 兩個範疇的論証框架**

日常生活世界	學校數學
嚴格意義下相等或精確的數量關係既難於實現（因為量度固有的誤差），而且在現實需要方面也是不必的	雖然計算過程亦會牽涉約值的處理，但數量關係及公式一般是嚴格意義下的相等和精確
量度是有效的方法來確立生活中所牽涉的數量關係	由於量度必有誤差，因此不能成為一個有效的方法來確立幾何或數量上的關係

參考資料

[1] Balacheff, N. "The Benefits and Limits of Social Interaction: The Case of Mathematical Proof." In *Mathematical Knowledge: Its Growth Through Teaching,* A.I. Bishop, S. Mellin-Olsen and J. van Dormolen, eds., pp. 175–192. Dordrecht: Kluwer Academic Publishers, 1991.

[2] Bell, A.W. "A Study of Pupils' Proof-explanations in Mathematical Situations." *Educational Studies in Mathematics* 7 (1976), pp. 23–40.

[3] Bruner, J. *Acts of Meaning.* Cambridge, MA: Harvard University Press, 1990.

[4] Chazan, D.I. *Ways of Knowing: High School Students; Conceptions of Mathematical Proof.* Ed. D. Dissertation, Harvard University, 1989.

[5] Chi, M.T.H. "Conceptual Change Within and Across Ontological Categories: Examples from Learning and Discovery in Science." In *Cognitive Models of Science, Minnesota Studies in the Philosophy of Science,* Vol. 15, R.N. Giere, ed., pp. 129–186. Minneapolis, MN: University of Minnesota Press, 1992.

[6] Chi, M.T.H. and J.D. Slotta. "The Ontological Coherence of Intuitive Physics." *Cognition and Instruction* 10 (1993), pp. 249–260.

[7] Chi, M.T.H., J.D. Slotta and N. de Leeuw. "From Things to Processes: A Theory of Conceptual Change for Learning Science Concepts." *Learning and Instruction* 4 (1994), pp. 27–43.

[8] di Sessa, A.A. "Toward an Epistemology of Physics." *Cognition and Instruction* 10 (1993), pp. 105–225.

[9] Fawcett, H.P. *The Nature of Proof: A Description and Evaluation of Certain Procedures Used in a Senior High School to Develop an Understanding of the Nature of Proof.* New York: AMS Reprint, 1938/1966.

[10] Fischbein, E. "Intuition and Proof." *For the Learning of Mathematics* 3 (2) (1982), pp. 9–18, 24.

[11] Fischbein, E. and I. Kedem. "Proof and Certitude in the Development of Mathematics Thinking." In *Proceedings of the Sixth International Conference for the Psychology of Mathematical Education,* A. Vermandel, ed., pp. 128–131. Antwerp: PME, 1982.

[12] Keil, F.C. *Semantic and Conceptual Development: An Ontological Perspective.* Cambridge, MA: Harvard University Press, 1979.

[13] Keil, F.C. *Concepts, Kinds, and Cognitive Development.* Cambridge, MA: MIT Press, 1989.

[14] Kitcher, P. *The Nature of Mathematical Knowledge.* New York: Oxford University Press, 1983.

[15] Martin, W.G. and G. Harel. "Proof Frames of Preservice Elementary Teachers." *Journal of Research in Mathematics Education* 20 (1989), pp. 41–51.

[16] Smith, E.P. and K.B. Henderson. "Proof." In National Council of Teachers of Mathematics Twenty-fourth Yearbook: *The Growth of Mathematical Ideas, Grades K–12,* pp. 111–181. Washington, DC: National Council of Teachers of Mathematics, 1959.

[17] Toulmin, S.E. *The Uses of Argument.* Cambridge: Cambridge University Press, 1985.

16 Mathematical Proof: History, Epistemology and Teaching

French original by Evelyn BARBIN
English translation by CHAN Fung Kit

The logical certainty of proofs does not extend beyond their geometric certainty.

WITTGENSTEIN [1]

In France, proof occupies an important place in school mathematics. Many teachers consider that proof forms the entrance to the world of mathematics. However, most students consider that proof marks the beginning of their failure in this school subject. Besides, proof is regarded simply as logical deduction in its teaching.

The traditional situation of teaching mathematics is thus the following — a proof is first of all a passage which corresponds to certain norms of going from hypotheses to conclusions, stating advisedly the theorems used, exhausting correctly the grammatical conjunctions. A proof points out a track which is different from an investigation of the problem since a deductive form erases all traces of questioning and areas of instability and tensions, which are the elements leading to the desire and need of doing proofs. Furthermore, a

1 Wittgenstein. *Remarques sur les fondements des mathématiques,* p. 160.

proof often appears to the student as a formalized passage which is standardized and ritualistic. It concerns the production of a piece of written work which does not necessarily have any meaning to the student.

Recently we witness a certain aggravation of the situation with a strong tendency to conceive the training of doing proofs independent of the learning of mathematics, the construction of mathematical objects, nor the construction of a mathematical rationality. In this way, doing proofs can appear as an activity which does not have any relation to the learning of mathematics.

We shall approach the problem of teaching proofs by asking ourselves a number of questions of epistemological nature: What mode of learning mathematical objects is assumed in the activity of doing proofs? What meaning does it have in doing proofs? To what conception of learning does the need of doing proofs refer? To deal with these questions, we shall refer to the history of geometry; and to better outline the genesis and the ruptures, we shall focus on the proof of the theorem which states that the sum of angles of a triangle is two right angles. All the teaching of proofs assumes certain implicit or explicit epistemological notions which have to be analyzed. It is with this point of view that we shall analyze some approaches *vis-à-vis* the teaching of geometric proofs.

This analysis does not aim at explaining how to teach proofs but rather at studying a certain number of questions which is preliminary to the learning of doing proofs.

What mode of learning of mathematical objects is assumed in the activity of doing proofs?

There are three ways to conceive mathematical objects and their modes of learning: a realistic conception, an idealistic conception and a constructivist conception.[2] How do they distinguish from each other? How do proof and the activities of doing proofs come up in each of these different conceptions?

According to the "realistic conception", we discover the mathematical objects; the objects pre-exist in the real world. In the realistic conception, the mathematical objects, which are abstract in the real world, exist before the activity of doing proofs. Proof is thus viewed as a means to supplement the inadequacy of observation or the inadequacy of the instruments. Thus, a proof on the sum of angles of a triangle will come after the measuring of the angles of one or several triangles with a protractor, and it will legitimate the imprecision of measurements.

According to the "idealistic conception", we invent the mathematical objects; the objects are applied in the real world. In the idealistic conception, where the mathematical objects are the "free inventions of the human mind", the mathematical rationality and rules of logic exist before the activity of doing proofs. From this perspective, it appears necessary to know the rules of logic, rules which are essential in their own right, before all the teaching of proofs. The proofs should be "drawn out" from the definitions of the objects and from these rules.

According to the third approach which I shall describe as "constructivist", we construct the mathematical objects and the objects structure the real world. According to this approach, the reality is not given; it is also a human construction. We construct a real world in constructing the reality, that is to say, in retaining and joining up a certain number of elements in the real world. In this constructivist approach, there is a simultaneity among the construction of mathematical objects,

---

2 For the terms "realistic" and "idealistic" we adopt the terminology of J. Bouveresse, *Le pays des possibles*, p. 23.

the construction of a mathematical rationality and the activity of doing proofs.[3] We can show this simultaneity in the diagram below.

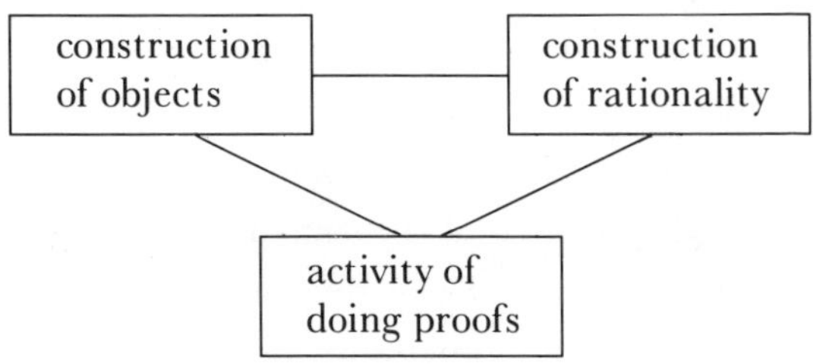

This third conception will be evident after a study of the history of mathematics. To understand this approach, we take a historical example which concerns the genesis of angles and the theorems of angles and triangles. In fact, the Ionians knew in the 6th century BC how to measure the distance of a ship in the sea. How did they do it?[4] We are in a situation of inaccessible distance: it is impossible to measure the distance over water with a measuring stick (Fig. 1).

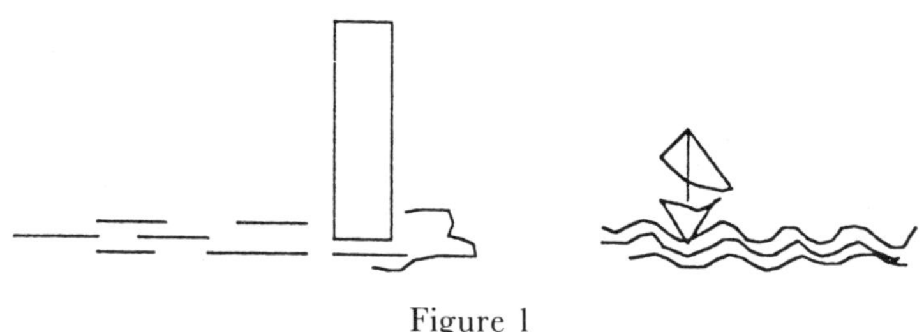

Figure 1

3 We can find historical examples of the simultaneity in *La démonstration mathématique dans l'historie,* Actes du Colloque inter-I.R.E.M. de Besançon, 1989. Read particularly the article of Rudolf Bkouche, "Quelque remarques sur la démonstration".

4 We use the information given in M. Caveing's *La constitution du type mathématiques de l'idéalité dans la pensée greque,* Volume II.

But, when climbing up to the top of a tower at the water front, it is possible to measure the angle of inclination of the ship with the help of a quadrant. The quadrant constitutes a quarter of a circle and a moving part which can be used to aim in the direction of the ship. Then we turn around to find a point on the land which angle of inclination from the top of the tower is the same as that of the ship and which distance from the tower can be determined (Fig. 2).

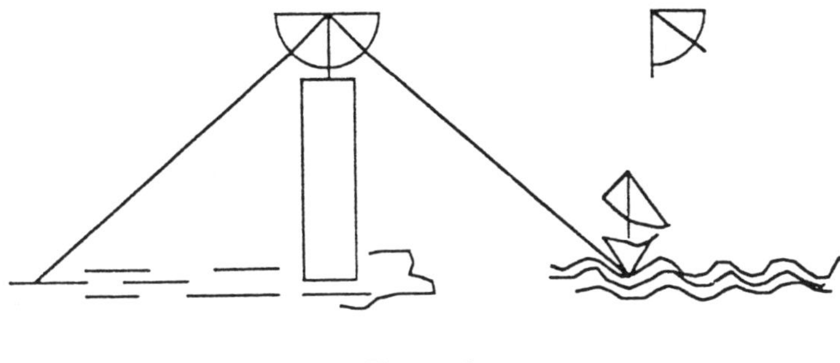

Figure 2

Thus, we draw a geometric figure out of the problem situtation (Fig. 3). The role of this figure is to represent the situation. The line segments without thickness represent the lines of vision, and the angles correspond to the angles of inclination.

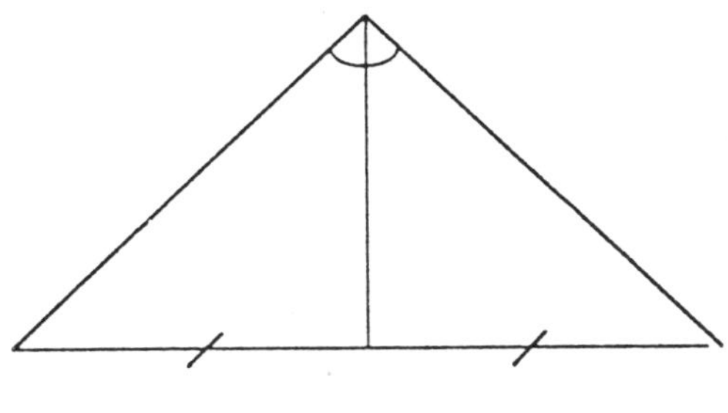

Figure 3

While we conclude that the equality of the angles of inclination implies the equality of the distances, we reason over the figure and we announce a theorem concerning the configuration of angle-triangle. Thus we proceed from a thought, both rational and geometric, which structures the real world and exposes us to it. Here, we have the construction of geometric objects, the construction of a rationality and the genesis of reasoning all at the same time. Objects, rationality, and reasoning make sense in the same situation.

The history of mathematics tells us that a rational and geometric thought, a demand of a demonstrative science, and an ideal conception of geometric objects were all born in the epoch of ancient Greece.[5] This remark should have direct implications to the manner of conceiving the teaching of geometry, where all we have to do is to construct the ideal conception of figures, the mathematical rationality as well as geometric reasoning. There is nothing preliminary: the pertinence of the geometric figure, the call for the deduction and the need of a proof all come forward *at the same time* from the problem situations. Taking into account all these aspects, the situations proposed to students ought to be rich and consist of problems which are not to be reduced to bits and pieces for students. We shall return to this point later.

What meaning does it have in doing proofs?

To tackle this question we compare three different proofs concerning the sum of angles of a triangle: the one of *Elements* of Euclid (third century BC), the one of *New Elements of*

[5] Refer to the work of Vernant, *Mythe et pensée chez les Grecs*, and the work of Caveing cited above.

Geometry of Arnauld (1677) and the one of *Elements of Geometry* of Clairaut (1765).[6] They are contained in collections of works about the teaching of the "elements" of geometry. All the three proofs have the characteristics of the same geometric argument, yet each gives a different meaning to what proof is.

The *Elements* of Euclid is built on an "axiomatic-deductive system": each book begins with definitions and axioms — claims and common notions — and continues with propositions. Each proposition is deduced from the axioms and the preceding propositions. The proposition we are interested in is Proposition 32 of Book 1. Euclid defined the rectilinear angle as the inclination between two straight lines. However, this definition is not operative: it helps us to know what object we are talking about, but it is not usable in the proofs. Thus, to compare two angles, Euclid did not compare the inclinations; instead he enclosed the angles concerned in the triangles such that *AB* equals *DE* and *AC* equals *DZ*. Then he compared *BC* and *EZ* (Fig. 4). He made use of this process to prove Proposition 16 that the exterior angle of a triangle is greater than each of the interior opposite angles[7] (Fig. 5).

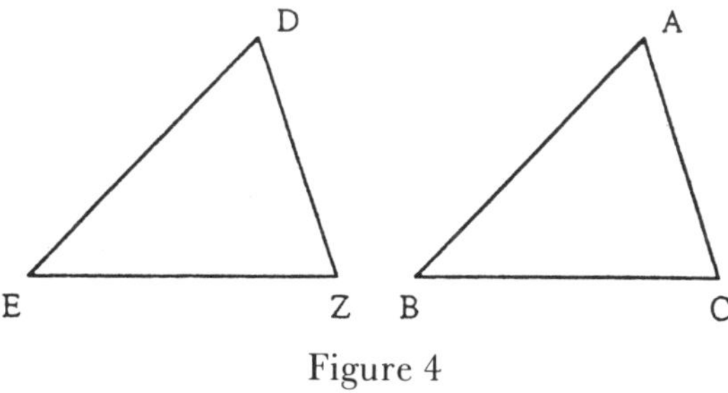

Figure 4

[6] To know more about these three proofs, refer to E. Barbin, "Trois démonstration d'un théorème élémentaire de géométrie. Sens de la démonstration et objet de géométrie".

[7] For this proof and the construction of the meanings of angles in Euclid's *Elements,* refer to E. Barbin, "La pensée mathématique dans l'historie et dans la class." *Bul. de l'APMEP.*

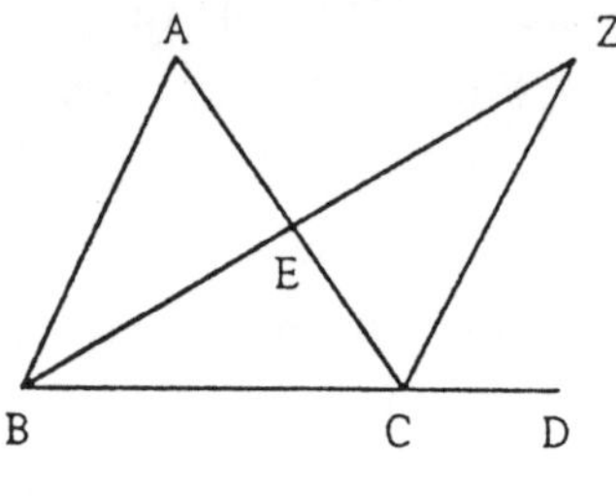

Figure 5

To show that the sum of angles of a triangle is equal to two right angles, Euclid showed that the juxtapositon of the three angles is the juxtaposition of two right angles. From Proposition 19, Euclid used the famous Axiom V of parallels to compare the angles defined by a transversal of two parallels. The demonstration of Proposition 32 consists of drawing a line parallel to the side *AB* through *C* and noting the equality of angles *BAC* and *ACE*, and of the angles *ABC* and *ECD*, and thus the conclusion (Fig. 6).

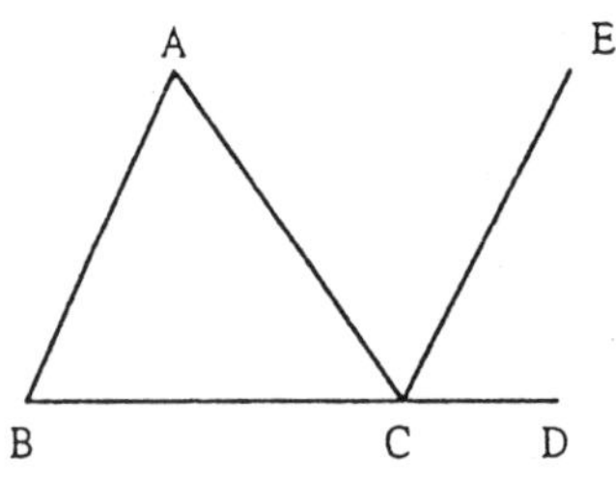

Figure 6

This demonstration allows us to recognize the absolute, universal and necessary character of the proposition. The reader can only be convinced that, for every triangle the sum of the angles must be two right angles. In fact, the power of a deductive reasoning which is based on true premises is that it renders the conclusion irrefutable. The reader thus learns the proof but does not know how it is found. Because here, like all propositions in *Elements*, Euclid did not show how he found the proof. Why did he know of this marvellous parallel line which enables us to see the result? The reader also does not know why we prove Proposition 16 and then wait for sixteen more propositions before we come to a complete result on the angle sum of a triangle. In fact the order of proofs in *Elements* is the one which is imposed by the procedure of deduction, and not by an order of invention or by the need of the results.

This dissatisfaction on the part of a reader of Euclid's *Elements* is expressed in the 17th century by Arnauld and Nicole who reproached the ancient geometry for "caring more for the certainty than for the evidence, and more for convincing the mind than for clearing it up".[8] The mind is not satisfied with knowing only the results.[9] It also wants to know why there are such results. Arnauld, who argued that *Elements* of Euclid is "confused and muddled up", wrote in 1667 *New Elements of Geometry* to remedy this defect.

The proposition on the angle sum of a triangle appears in Book VIII, the chapter devoted exclusively to rectilinear angles. Arnauld defined the angle as a portion of area "determined according to the fraction of the circumference of the circle whose centre is at the point where the lines meet"[10] (Fig. 7). Then he explained to his readers that there are four ways to measure the angle: the arc *AC*, the chord *AC*, the opposite side *DE* and the base *DF* (Fig. 8). For each of these

8 Arnauld and Nicole. *La logique ou l'art de penser*, p. 326

9 Refer these critiques to E. Barbin, "La démonstration mathématique: significations épistémologiques et questions didactiques".

10 Arnauld. *Nouveaux élément de géometrie*, p. 142.

magnitudes, he gave examples of problems which can be solved by this conception of measuring angles.

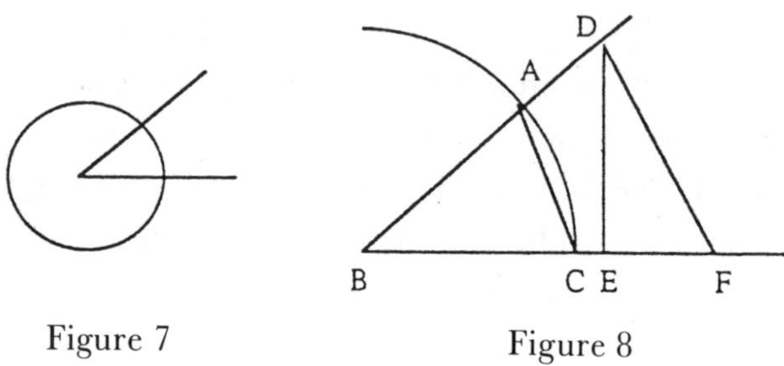

Figure 7

Figure 8

Arnauld gave, afterwards, a fifth method to compare the magnitudes of angles by considering the "angles made by the lines between the parallels", and stating that each transversal to two parallels makes the alternate angles equal (Fig. 9). This property leads him to prove a property of the angles [in a triangle] — "an angle together with the two angles formed by its arms over the base are equal to two right angles".[11] If *BC* and *BD* are the arms of an angle and *CD* is its base, one can conclude the result by drawing *MN* parallel to *CD* (Fig. 10).

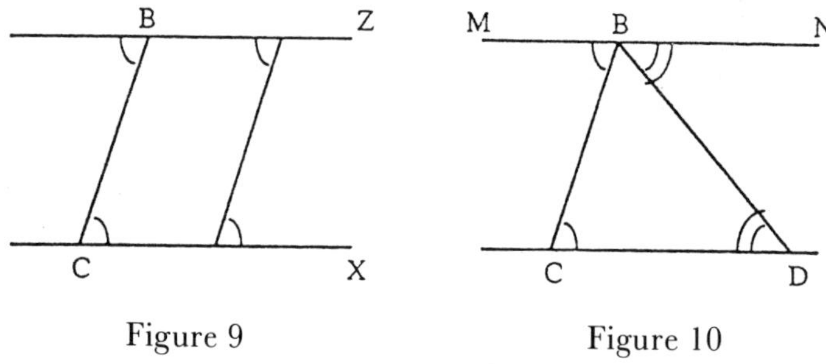

Figure 9

Figure 10

[11] Arnauld, ibid., p. 154.

Thus, this chapter of Arnauld on angles is not so much a catalogue of propositions but rather a method for comparing angles and solving problems. The reader will know how one knows, that is to say, he is enlightened. In this chapter the order of proposition is not governed by the order of deduction but by the significance of the knowledge induced by the propositions. In other words, the position of each proposition is determined by its pertinence in the resolution of a certain kind of problems. In this way Arnauld explained why the arc is the only "true and natural measure" of the angle, and the base is the "most imperfect" one. In fact, the trisection of angle operates on the trisection of an arc and not on the trisection of the base.

This same wish to enlighten the reader also enlivened Clairaut a century later when he wrote his *Elements of Geometry*. Clairaut stated precisely in the preface of his work that he wanted to write a treatise which could arouse the interest of and as well as enlighten his readers. To this end, he conceived a "problematized geometry", that is, a geometry in which the concepts and the knowledge have meaning because they are the instruments for solving problems. Thus the reader will know and will know why one knows. The problems proposed by Clairaut are organized around one single problem, the one of land measurement.[12]

Since it is not to convince, but to enlighten and to interest the reader, the euclidean form of demonstration is not suitable. Clairaut wrote, in the preface, that he "avoids with care in giving any proposition in the form of a theorem where one proves that such and such a statement is true without showing how one can discover it." He continued to explain that "if the

[12] For the work of Clairaut, see E. Barbin, "Les eléments de géométrie de Clairaut: une géométrie problématisée".

past authors of mathematics presented their discoveries in theorems, it is probably because they wanted to give a more appealing appearance to their production, or to avoid the pain of recapturing the series of thoughts that they had followed in their researches." To the contrary, Clairaut wanted to make his readers engaged in solving problems, because in doing so they will "see the intention of the inventor at each step they perform, and from there they can acquire more easily the spirit of invention." The order which governs Clairaut's work is the order of inventions.

Clairaut introduced the concepts and the propositions progressively and only at the moment where they are necessary for solving problems. The concept of angle is introduced in a situation where one can measure only the two sides of a triangle. It is thus a problem of inaccessible distance. Clairaut explained that it is necessary to construct a similar triangle, using a method in which one of the two measured sides "tilts" toward the other. The angle is thus defined like the inclination of one line over the other. Following that, Clairaut explained how to measure an angle with the help of a protractor.

The proposition concerning the sum of angles of a triangle comes in likewise as a means of solving a problem — it concerns the finding of a simple and efficient means of assuring that the measure of the three angles of a triangle are exact. First, Clairaut explained that when one looks at $\triangle ABC$ one will "feel" that the magnitude of angle C should result from those of angles A and B, because when they are altered, the straight lines AC and BC change and the angle C is also altered (Fig. 11). To discover how one can find the magnitude of angle C from those of angles A and B, Clairaut let BC turn about the point B towards the line BE (Fig. 11). He then wrote: "It is clear that while BC turns, angle B opens continually; and in contrast, angle C closes more and more. It can be assumed that in this case the diminution of angle *C* equals the enlargement of angle *B*, and thus the sum of the three angles *A*, *B* and *C* would always be the same, whatever the inclination of the lines *AC*, *BC* over the line *AE* may be."

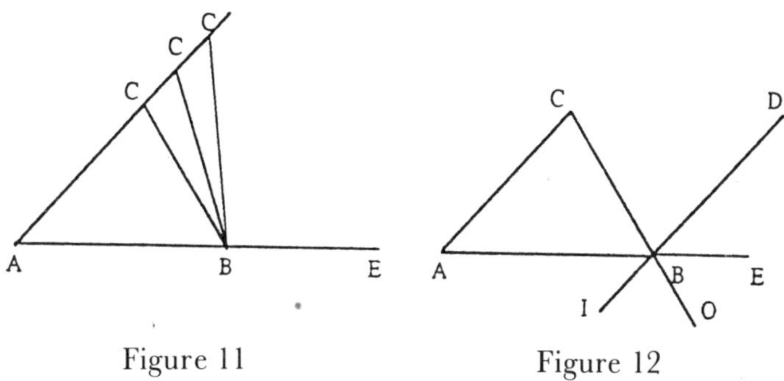

Figure 11 Figure 12

As the line *BC* reaches the limiting position, that is, is parallel to *AC*, the idea of the proof becomes apparent. Clairaut wrote that "this presumed induction brings in with it its demonstration" and he drew the line *ID* parallel to *AC* (Fig. 12). In doing so, Clairaut told us how the geometer got the idea of constructing the line parallel to *AC*, which is crucial in proving the proposition.

Thus, for Clairaut, to prove is also to know why and how one knows, that is to say that knowledge implies the process by which one knows. Why does knowledge becomes the object of research of the geometer? How does the geometer reach the truth? How does the geometer invent his own knowledge? And thus, why and how does the geometer know that the sum of the angles of a triangle is two right angles? For Clairaut, the knowledge of the geometer is a means to solve problems — his reader thus learns what problem will lead to the examination of the sum of angles of a triangle (the why), and what investigations will direct to the construction of a line parallel to one of the sides of the triangle (the how). The reader can form his own knowledge; he is enlightened and interested.

In using the historical terms, we say that the activities of doing proofs can have three meanings corresponding to different demands: to "convince" in knowing, to "enlighten" in knowing how one knows, and to "interest" in knowing why one knows.[13] These demands correspond to the different conceptions of learning, and we can thus expand the question of the meaning of the activity of doing proofs to the question of the meaning of learning.

To what conception of knowledge does the need of doing proofs refer?

We have mentioned that Arnauld and Clairaut spoke about a certain number of critiques on Euclid's *Elements.* These critiques correspond to a new conception of learning which find its origins in the practical mathematics of geometers of the 17th century. These geometers saw in the writings of Euclid or Archimedes a fixed knowledge, a knowledge which had the approval of all, but a knowledge which did not allow them to invent. They were especially keen to produce methods which could help them solve problems — the Cartesian method, the method of indivisibles, the method of tangents, the projective methods — and thus their thirst for inventing could be quenched. Thus, *The Geometry* of Descartes of 1637 is not a catalogue of geometric propositions, but a method for solving geometric problems by reducing them to algebraic equations.

[13] In a didactic approach, G. Hanna distinguishes between the proofs which demonstrate and the proofs which explain. The proofs which explain do not only show that the proposition is true but also why it is true. They are preferred in teaching. (See G. Hanna's *Proofs that Prove and Proofs that Explain.)*

Here we can see an opposition between knowledge conceived as a "product" which forms a part of a constituted discourse and which is consistent in this discourse, and knowledge conceived as a "process", which is constructed from problems and which makes sense in practical work.[14]

According to the latter conception mentioned above, a proof is not only a written passage, but the entire process which transforms a question in an object of research, leads us to define or modify concepts and brings in the solution of a problem — "a mathematical proof is the analysis of the mathematical proposition".[15] This last remark has didactic implications to which we shall return by examining the epistemological conceptions that underlie the teaching of proof.

The epistemological conceptions underlying the teaching of proof

> If I knew the use of the Pythagoras Theorem and how it was invented, I would be able to learn it; but like what it is now, I am skeptical of it.
>
> Virginie, a student of third grade.[16]

All mathematics teaching rests on the epistemological conceptions, that is to say, on the conceptions of mathematical

[14] For the relevance of this distinction in training, read B. Charlot, "Enseigner-Former: Logique des discours constitués et logique des pratiques".

[15] Wittgenstein, *Philosophische bemerkungen* quoted in Bouversse, *Le pays des possibles*, p. 61.

[16] In Naudin, *A quoi ça sert d'apprendre? Rapport au savoir, rapport à l'avenir*, D.E.A. Sciences de l'éducation, dir. B. Charlot, Paris VIII, 1990. Concerning the relation to students' learning mathematics, read B. Charlot et al., "Rapport à l'école, rapport au savoir et enseignement des mathématiques." In *Repéres IREM* no. 10.

knowledge, most often implicitly. What are those conceptions which concern the teaching of proof? To study this question we refer to some examples of teaching, from the traditional teaching to the teaching through problem-situations.

A "traditional" teaching: it is not necessary to explain here what I understand by this term, since it is the teaching that many teachers of today have known when they were students. Strictly speaking, there is no learning of proof in traditional teaching. To show students what a proof is, the teacher writes the proof in the form of a table. He shows how to present the hypotheses at the left and the conclusions at the right. The proof consists of going from one statement to another by a deductive argument, citing the theorems used or specifying them by a code — "according to the proposition V on parallels...", and showing to what objects the theorems are applied — "the line segments *AB* and *CD* are parallel, by hypothesis, and the line *EF* intersects them, thus...". Then the students are asked to do proofs themselves. Here, things become complicated: How to find the proof? The teacher gives a correct version, but how did he obtain it?

The process is hidden. It is so hidden that many students do not understand what meaning the writing can bring about, and they do not imagine for a moment that in order to prove a proposition they have to think, to try, to alter plans, and to make mistakes. "To think, it is to go from errors to errors.... What makes mathematics a redoubtable test is that it does not tolerate any errors," writes Alain, as if he himself also had no idea that to do mathematics is to think.[17] Thus many students withdraw from this game whose meaning they do not understand even if they are given the rules. They will write the hypotheses at the left and the conclusions at the right; these

[17] Alain, *Propos sur l'éducation*, p. 76.

are the two points they have to ensure in their homework. Certain more stubborn students will write something which looks like a proof and which makes the teacher panic.

In traditional teaching proof is considered as a product. The production of a proof assumes a rationality which is supposed to be already present in the head of the students, because we cannot see how it can be acquired by imitation after watching what the teacher writes: idealistic conception. Is this proof convincing in showing the truth of the conclusions? It convinces probably those students who have understood that it concerns the establishment of a truth. But most others are neither enlightened nor interested because their failure will make them believe that anyway "mathematics is not for them".

The proof in a table form can appear to be very obscure. Afterall, there are students who manage to write proofs when taught by traditional teaching. However, many teachers notice the inefficiency of this method and discuss it with the colleagues of APMEP: "How to teach proofs? Generally we show the proofs to students and afterwards we ask them to do the same. Everyone knows what difficulties would come up."[18]

In recent years research has been conducted, particularly in the IREM's to remedy the deficiency of traditional teaching and to examine what the teaching of proof should be. Considerable progress has been made. Briefly, it is about teaching students how to do proofs.

The work of Dominique Gaud and Jean-Paul Guichard was written with this perspective. They wrote that "to prove is to learn" and that "the students learn by doing and not by

---

[18] "Compte-rendu du groupe géométrie cycle", *Journées Nationales de l'APMEP*, Grenoble, 1979, quoted in N. Balacheff, "Preuve et démonstration en mathématiques au collège".

watching others doing". These colleagues consider that proof is of two kinds of difficulty, namely, logic and editing and suggest that in teaching proof it is necessary to separate the moment of research from the moment of writing up.[19] They emphasize the methods of proof in favouring certain forms of deductive reasoning. The clarification of these methods in class leads them to regard proof as an object of teaching. As pointed out by A.L. Mesquita and J.-C. Rauscher, the methodology aims above all at "the students who have already understood what it is about in a proof".[20] I would say that this methodology constitutes an aid for the students who have already understood the meaning of a proof and have a mode of knowledge of geometric objects peculiar to a deductive process. If this approach follows closely the formal process of proof, it will not be supported by a constructive conception and it cannot answer the question on the meaning of proof.

Holding a different view from that of these colleagues, Nicolas Balacheff, a researcher of IMAG at Grenoble, writes: "In school situations, it is often considered that the writing up of the solution of a problem is outside the scope of solving it. This does not appear pertinent to us. Indeed, ... drawing up the solution of a problem will lead to the analysis of it and thus to a possible challenge again. The formulation of the solution is associated with the working of the proof."[21] This conception, which takes into account what a proof means to the student, is fundamental in the method of research proposed by IREM of Montpellier.[22]

---

[19] D. Gaud and J.P. Guichard, "Apprentissage de la démontration." In *Petit x*, no. 4 (1984).

[20] A.-L. Mesquita and J.-C. Rauscher, "Sur une approache d'apprentissage de la démonstration." *Annales de Didactique et de Sciences Cognitives* 1 (1988).

[21] N. Baucfeff, ibid.

[22] See the article of F. Bonafe in *Repères* 12 (1993).

The question of the meaning of proof is central in the research of Nicolas Balacheff.[23] He elaborated a didactic sequence in order that students of the fifth grades "who have not yet studied the notion of proof, can put forward a conjecture and think of providing the proof to it".[24] This sequence involves the theorem of the sum of angles of a triangle.

The didactic sequence is made up of three activities which we shall summarize here. In the first activity, each student draws a triangle, measures the angles and find the sum. Then the teacher gathers all the results on a chart and asks for comments from the class. In the second activity, the teacher gives each student a triangle of the same shape and size and asks them to make a guess, then measure the angles and find the sum, and then comment on the difference from the guess. Then the teacher makes a chart and ask for comments. In the third activity, the teacher gives each student three triangles of different sizes and shapes. Each student makes a guess, measures the angles, finds the sum. Then the teacher collects the results and asks the students to comment. The teacher should not intervene so that the problem is "handed down" to the class and they can start up a socio-cognitive discussion.

This sequence is elaborated with the hypothesis that "the disqualification of using measurement as a means to learn the sum of angles of a triangle legitimates the need of an intellectual proof of the conjecture under studied". It is anchored therefore in a realistic conception where the proof is to remedy the uncertainty of measurement. It does not come from a constructivist conception in so far as the situation proposed to

---

23 Read, for example, N. Balacheff, "Processus de preuve et situations de validation." *Educational Studies in Mathematics* 18 (1987).

24 N. Balacheff, *Une étude des processus de preuve en mathématique chez des élèves de Collège,* vol. 2, p. 361.

the students does not take place in a problem rich enough to lead to constructing the notion of angle. Now the angle, which is the same no matter what the lengths of their arms are, is a difficult concept for students of the fifth grade to master. There must be "an epistemological disruption" in the development of the sequence. This is effectively the case in one class where the situation is experimented. In fact, the students have drawn the triangles so small that the teacher feels obliged to intervene: "if you cannot see very clearly, produce the sides", "it is always the same angle; it is not the length you have to measure, Karelle, it is the opening of the angle". To avoid this disruption and intervention, the teacher in another class who experiments the sequence tells the students rightaway the correct way of drawing a triangle "sufficiently large in size because you will have to measure the angles of it and you cannot do so if it is too small". In this way the epistemological question of angles is ignored.

None of these two classes is engaged in "a procedure of validation". In the first class, the students agree that the sum of angles of a triangle is about 180°. It is absolutely exact. No matter how many triangles we draw with good care and measure with a good protractor, we can hardly say anything more than that. The proof of the sum of angles of a triangle involves another type of knowldege. It is not the matter of summing up the numerical measurements but a matter of geometric comparison: the juxtaposition of the three angles equals the juxtaposition of two right angles.[25] In the second class, the students are accustomed to the rules of the socio-cognitive discussion and arrive quickly at an agreement that the sum of angles of a triangle is 180°. Thus the idea of proof which is

[25] For the size of angles and the measurement of size of angles, read N. Rouche's *Le sens de la mesure*.

intended to convince everyone the certainty of the result fails, since everyone is convinced in advance, even if it means cheating somewhat over the measurements.

Is this didactic sequence related to the process of producing the proof? In order to respond with yes we need to know why the measuring of the sum of angles of several triangles can lead to a proof. The transition to a proof, as noted by Nicolas Balacheff, "comes under a construction of both knowledge and rationality."[26] Can the socio-cognitive discussion help to stage this construction? In a recent article Nicolas Balacheff points out certain limitations of this kind of discussion, particularly the discussion among young students. But he regards the solution is "in the study and in the better understanding of the phenomena related to the didactical contract, the condition of its negotiation, which is almost essentially implicit, and the nature of its outcomes: The devolution of the learning responsibility to the students."[27] Would improving the "socio" in the "socio-cognitive" result in better teaching of proofs? The sequence mentioned earlier invites us to examine rather the "cognitive". In order to have a cognitive discussion there should be comparison of knowledge. But, here, the students are only led to defend the quality of their measurements, and there is very little discussion on their concepts of what an angle is or what will happen when the angle closes.

Why proof? The sequence proposed above gives an impression that the main reason for possessing a proof of the sum of the angles of a triangle is to make the class agree over one

---

[26] N. Balacheff. "Processus de preuve et situations de validation." *Educational Studies in Mathematics*, 1987.

[27] N. Balacheff. "The Benefits and Limits of Social Interaction: The Case of Mathematical Proof." In Bishop, *Mathematical Knowledge: Its Growth Through Teaching*.

result. But we do not construct mathematical concepts and knowledge for this reason alone.

We tackle another example of teaching through problem situations. We have to define quickly this latter term. It concerns teaching which starts from problems to the construction of knowledge. A problem situation has to be a situation of construction or re-investment of knowledge. At the same time, it triggers off an intellectual activity of the student.

In a fairly old didactic research, Dina van Hiele proposed a "teaching of geometry based on tessellations" with the objectives of constructing elementary geometric concepts and at the same time constructing geometric rationality.[28] We summarize briefly the process of this teaching of seventeen sessions intended for students of twelve years old in Holland. After having integrated the notions of congruent figures (figures of the same form and size) and tessellations, the students are invited to draw possible tessellations of figures congruent to a square, a diamond, a regular or irregular polygon, a triangle, a parallelogram, etc. Progressively, the students will construct and define concepts which enable them to solve the problem posed: parallelism of lines, circles, angles, etc.

After several sessions, when the students have already worked through the different tessellations, they are posed with the question whether it is possible to "foresee" the possible tessellations, that is to say, to know what kind of polygons can tessellate. This question leads the students to the first reasoning over angles and then introduces in their reasoning "the visual geometric structures" which they call the saws and the ladders (Fig. 13).

---

[28] D. van Hiele-Geldof. *De didakiek van de meetkunde in de eerste klas van V.H.M.O.* Doctoral thesis, Utrecht, 1957.

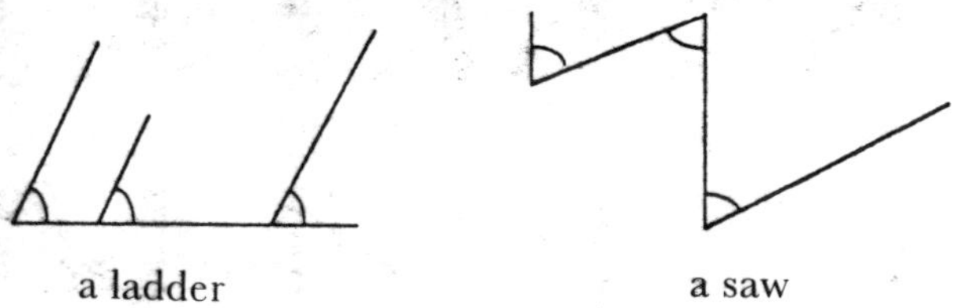

Figure 13

These configurations are "structured structures". Their occurrence in the tessellations encompasses the properties of parallelism and equality of angles, which become the "structuring structures".[29] These "structuring structures" lead to possible generation and organization of knowledge (Fig. 14). The organization of knowledge consists of constructing a "genealogical tree", according to the expression used by Dina van Hiele. The ladder and the saw are the "ancestors" from which the propositions are deduced.

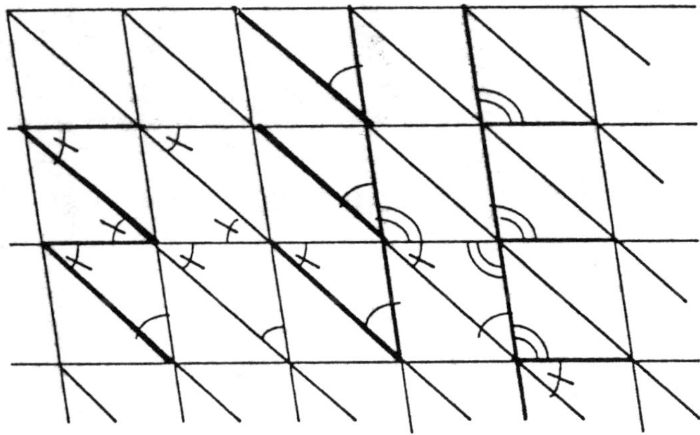

Figure 14

[29] Here I use again the expression of P. Bourdieu in another field of problematics, cf. *Le sens practique*, p. 88.

The value of the sum of angles of a triangle is a question which occurs in relation to the problem of the nodes of a triangular tessellation (Fig. 14). The distinctive nature of this knowledge is to secure the "right joint" in the tessellation. The question on its proof appears when one looks for the "ancestors" of the "great tree of geometry". In this respect two students proposed immediately the following: one suggested two saws, another a ladder and a saw (Fig. 15).

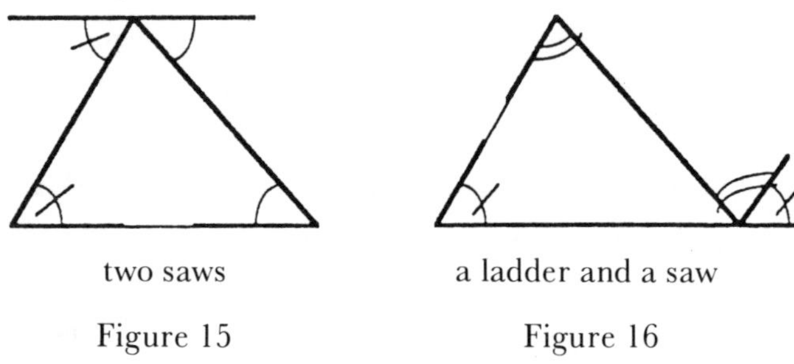

two saws

Figure 15

a ladder and a saw

Figure 16

This kind of teaching, which rests on the tessellations, comes under a constructivist conception insofar as it constructs at the same time concepts and proofs from problems organized around the same original problem. The reason for the activity of doing proofs is not to convince but to understand why and how. The proof itself is helpful in rationalizing and understanding a problem. The teacher explains to her students that geometry consists of constructing an immense genealogical tree. (It needs three years to finish the task!) In doing so she explains and sets out the blue print for the process of learning geometry.

A constructivist conception of learning implies that learning to do proofs "is to be carried out in stages, stages each marked not only by a change of the meaning of the referents but also by a modification of and by the modes of access to all these referents".[30] The reading of Dina van Hiele's experience is interesting because she put forward emphatically the various stages of the teaching of proofs. Now, it is over these stages that we should reflect our teaching.

This constructivist perspective calls for a thorough epistemological reflection. As Jean-Claude Duperret accurately points out, this perspective requires a teacher to advance from traditional teaching to constructivist teaching, the former corresponding to survival strategies facing this difficult task while the latter demanding mastery of this new situation.

Bibliography

[1] Alain. *Propos sur l'éducation.* Paris: P.U.F., 1969.

[2] Arnauld. *Nouveaux éléments de géométrie, réédition.* I.R.E.M. de Dijon, 1982.

[3] Arnauld and Nicole. *La logique ou l'art de penser.* Paris: P.U.F., 1965.

[4] Balacheff, N. "Preuve et démonstration en mathématiques au collège." *Recherches en didactique des mathématiques* vol. 3 no. 3 (1982).

[5] Balacheff, N. "Processus de preuve et situations de validation." *Educational studies in mathematics* 18 (1987).

[6] Balacheff, N. *Une étude des processus de preuve en mathématique chez les élèves de Collège.* Thèse, Université Joseph Fourier, Grenoble, 1988.

[7] Balacheff, N. "The Benefits and Limits of Social Interaction: The Case of Mathematical Proof." In *Mathematical Knowledge: Its Growth Through Teaching,* Bishop, ed. Netherlands: Kluwer Academic Publishers, 1991.

[8] Barbin, E. "La démonstration mathématique: Significations épistémologiques et questions didactiques." *Bulletin A.P.M.E.P.* 366 (1988).

[9] Barbin, E. "Trois démonstrations d un théorème élémentaire de géométrie. Sens de la démonstration et objet de la géométrie." In *La démonstration mathématique dan l'histoire.* I.R.E.M. de Lyon, 1989.

[10] Barbin, E. "Les eléments de géométrie de Clairaut: une géométrie problématisée." *Pepères I.R.E.M.* 4 (1991).

[30] N. Rouche. "Prouver: amener à l'évidence ou contrôler des implications." *La démonstration mathématique dans l'histoire.*

[11] Bkouche, R. "Quelques remarques sur la démonstration." In *Commission Inter-IREM Epistémologie, La démonstration mathématique dans l'histoire.* I.R.E.M. de Lyon, 1989.
[12] Bourdieu, P. *Le sens pratique.* Paris: Les éditions de Minuit, 1980.
[13] Bouveresse, J. *Le pays des possibles.* Paris: Les éditions de Minuit, 1988.
[14] Caveing, M. *La constitution du type mathématique de l'idéalité dans la pensée grecque.* Université de Lille III, 1982.
[15] Charlot, B. "Enseigner-Former: Logique des discours constitués et logique des practiques." *I.N.R.P. Recherche-Formation* 8 (1990).
[16] Charlot, B and E. Bautier. "Rapport à l école, rapport au savoir et enseignement des mathémtiques." *Repères IREM* 10.
[17] Clairaut. *Eléments de géométrie, réédition.* Siloë, Laval, 1986.
[18] Euclide. *Les éléments*, traduction Peyrard, Blanchard, Paris, 1986.
[19] Gaud, D and J.-P. Guichard. "Apprentissage de la démonstration." *Petit x,* no. 4 (1984).
[20] Hanna, G. "Proofs that Prove and Proofs that Explain." *Actes de la 13 ème Conference PME,* Paris. 1989.
[21] Mesquita, A.-L. and J.-C. Rauscher, "Sur une approache d apprentissage de la démonstration." *Annales de Didactique et de Sciences Cognitives,* no. 1 (1988).
[22] Naudin, M. *A quoi ça sert d'apprendre? Rapport au savoir, rapport à l'avenir.* D.E.A. Sciences de l'éducation, dir. B. Charlot, Paris VIII, 1990.
[23] Rouche, N. "Prouver: amener à l évidence ou contrôler des implications." *La démonstration mathématique dans l'histoire.* I.R.E.M. de Lyon, 1989.
[24] Rouche, N. *Le sens de la mesure.* Bruxelles: Didier Hatier, 1992.
[25] Van Hiele, D. *De didaktiek van de meetkunde in de eerste klas van V.H.M.O.* Doctoral Thesis, Univeristy of Utrecht, 1957. French translation G.E.M., Louvain la Neuve.
[26] Vernant, J.-P. "Mythe et pensée chez les Grecs." Paris: Maspero, 1971.
[27] Wittgenstein, L. *Remarques sur les fondements des mathématiques.* Pairs: Gallimard, 1983.

This article is translated from the article with the title "Quelles conceptions epistémologiques de la démonstration pour quels apprentissages?" which appeared in *Repères-IREM* 12 (1993), pp. 93–113.

Note:

I.R.E.M. Research Institutes for the Teaching of Mathematics, France
A.P.M.E.P. National Education Mathematics Teachers' Association, France

17 Para-Euclidean Teaching of Euclidean Geometry

Paul YIU

Bertrand Russell has a famous saying which, when taken out of context, describes very well a common perception of the general public on mathematics: [it is] "the subject in which we never know what we are talking about, nor whether what we are saying is true". Part of the reason why mathematics does not make good sense to a significant proportion of school students is that it is taught mechanically, witness the common tendency of rote memorization of formulae without understanding. It is taught without affection, not so much because of the personality of the teachers as the superficiality of the content, resulting from the stifling requirement of "justification by proofs"! It is often perceived as a means without a concrete, specific end, i.e., exercises, if not too difficult, are usually not appealing to the students (though most people would vaguely agree on the usefulness of mathematics). This is particularly true in the case of plane geometry.

The basic premise of mathematics education is that "mathematics makes sense". For a beginning student (or an adult lay person), the purpose of learning mathematics is to make the understanding of numbers and shapes more coherent so that they are more appreciable and useful. The teaching of mathematics should reflect the actual human learning process. As such, it needs not follow a strictly linear logical order, but should (i) highlight statements of important theorems, as phenomena in nature or as useful facts for applications, (ii) aim at the formulation and solution of meaningful problems, and (iii) cultivate a research spirit, an appetite to explore and to learn.

In this article, we focus on the teaching of plane euclidean geometry. The primary purpose of instruction of plane geometry in school is the enrichment of basic geometric knowledge. Since a significant part of this is contained in Euclid's *Elements*, and the axiomatic approach therein has since ancient times been the paradigm of mathematical reasoning, euclidean geometry has traditionally been the medium for the training of deductive reasoning. No doubt, there were times when problems in euclidean geometry tended to be difficult, and students were asked to prove results which were often too specialized and insignificant. Believing that euclidean geometry has long been a dead subject, with nothing possibly new under the sun, educators several generations ago were eager to replace plane geometry by other topics such as propositional calculus to train deductive thinking, and superficial notions of more general geometries "to enrich the content". This of course is a familiar story that needs no repetition. But with plane geometry gone for several decades, it is clear that students' basic geometric sense has been at stake, witnessing the inability of most students in solving problems with the aids of simple diagrams reflecting basic properties of such common geometric shapes as rectangles and circles!

The teaching of geometry should be focused on basic, interesting (or even startling), and useful geometric facts, and this is done most beneficially through a problem solving approach. Euclidean geometry is perhaps justifiably a dead subject to research mathematicians, but certainly not so for beginning students and adult educated lay person. How many of us were attracted as teenagers to the study of mathematics through the beautiful phenomena and challenging problems in plane geometry! But isn't it evident that the emphasis on proofs has been too stifling?

The reason why a proof is usually difficult (to anybody before securing one) is that it represents an effort to understand and delineate. It is hard work; it demands first of all making sense and ultimately getting a grasp of a mathematical milieu. For a majority of students, the knowledge base of synthetic geometry is too small, often consisting, except for a handful of most important theorems, mainly of next-to-trivial propositions. No wonder plane geometry problems are usually found difficult.

We mathematics teachers have one valuable lesson to learn from the teaching of other sciences, namely, "to make good use of interesting facts whose statements are intelligible to the students, but whose explanations are beyond their scope". Mathematicians have rightly been safeguarding the unique and valuable tradition of not allowing applications of unproven hypothetical speculations (or theories). However, one of the reasons why the teaching of plane geometry has not gone very far is that teachers and students have been strangled by textbook presentations of fine technical details. A constant demand of rigour stifles creativity. At the same time, students are deprived of the knowledge and applications of many interesting and useful facts whose proofs might be tricky or difficult.

I would like to suggest a widening of the knowledge base in the teaching of plane geometry by (i) adopting a discovery approach of problem solving to help students understand important basic concepts, and (ii) formulating as **facts** (*cháng shí*) some significant and useful theorems, "with proofs omitted".

Problems on "constructions using ruler and compass" provide a very stimulating milieu to help students understand the basics of plane geometry. They keep students alert in an active mode, to discover and to describe simple construction procedures, and then to convince themselves and others of the validity of such (proof!). The following constructions are most basic:

1. Bisecting an angle.
2. Drawing the perpendicular bisector of a line segment.
3. Drawing the perpendicular to a line through a given point on or outside the line.
4. Copying an angle.
5. Drawing a line parallel to a given line through a given point.
6. Arithmetic operations (multiplication and division by drawing parallel lines).

In practice, one of course allows the use of set squares to draw perpendicular and parallel lines, and protractor to measure angles. As simple exercises, the students can be asked to construct certain special angles without using protractors. It is useful to emphasize two important basic principles for solving construction and other types of problems: the perpendicular bisector locus and the angle bisector locus theorems.

Here is a sample problem with a solution: "to construct an isosceles triangle with given height and perimeter".

Draw two parallel lines l, l' with separation equal to the given height. On l' mark two points X and Y with distance equal to the given perimeter. Let the perpendicular disector of XY cut l at the point A. Now, draw the perpendicular bisectors of AX and AY to meet l' at B and C. $\triangle ABC$ is the desired triangle.

To students who can write a description of construction procedures like this, a proof would almost seem redundant. When asked to give a proof, they are to reflect, to help themselves understand better, and then to explain, to make themselves understood. This is often more creative and stimulating than what they are usually asked to do in a traditional proof, namely, to read other people's mind (make sense and understand) and then to speak on their behalf (prove).

The validity of the first five of the basic constructions above can be explained by the congruence tests of triangles. These congruence tests can be approached through the problem of constructing a triangle given three of its six measurements, the three angles and the three sides.

1. Three sides: SSS.
2. Two sides and one angle: SAS; examples of non-congruent triangles with data SSA; the special case of RHS.
3. One side and two angles: AAS or ASA.
4. Three angles: similarity.

Closely related to these is the problem of "solution of triangles": to determine the sides and angles of a triangle given three of these six measurements. This of course leads to the sine and cosine formulae. These useful formulae can be simply stated as "facts", and their uses illustrated by computational problems. "Instead of teaching in a strictly linear logical order, we may choose to be guided by natural questions".

Simple constructions lead to the discovery of the "concurrency" of a number of "triples of lines" associated with a triangle, and in each case a notable point: the centroid, the circumcentre, the incentre, and the orthocentre. In each case, one can analyze a little further to draw some meaningful conclusions. For example, it is natural to ask how large the circumcircle and the incircle are. By drawing very simple diagrams, one easily derives the formulae $R = \frac{a}{2 \sin A}$ for the circumradius and $r = \frac{\triangle}{s}$ for the inradius. In fact, the beautiful and useful Heron formula.

$$\triangle = \sqrt{s (s-a) (s-b) (s-c)}$$

for the area of the triangle can be derived easily from a diagram depicting the incircle and one of the excircles, by suitably identifying two pairs of similar triangles.

More remarkable is the fact that the centroid G, the circumcentre O, and the orthocentre H are collinear. Furthermore, G divides the segment OH in the ratio 1 : 2, i.e., $OG : GH = 1 : 2$. The line containing these points is called the Euler line of the triangle. This Euler line contains the incentre I if and only if the triangle is isosceles.

Sample problems: construction of a triangle given three points among the vertices and associated centres, say:

(1) two vertices and one of G, H, I, (easy);

(2) one vertex and O, H, (interesting);

(3) one vertex and O, I, (hard);

(4) O, H, I, (impossible!);

(5) one vertex, H and I, (unknown to me).

Except for (4) and (5), these are problems designed to help students make good use of basic geometric knowledge. Here is the construction for (3), which is based on the fact that the distance d between O and I must satisfy the relation $R^2 - d^2 = 2Rr$.

With O as centre construct a circle Γ passing through A. The point I should be inside this circle. Mark a point X on Γ such that IX is equal to the radius of the circle. Extend XI to meet the circle again at Y. Let M be the midpoint of IY, and with I as centre draw a circle Γ' passing through M. Construct the two tangents from A to Γ' ; extend them to meet the circle Γ again at B and C. $\triangle ABC$ is the required triangle with Γ as circumcircle and Γ' as incircle.

The existence of the various centres and the Euler line of a triangle represents only the beginning of a series of wonderful phenomena in nature. There is the "nine-point circle" of the triangle, passing through (i) the midpoints of the three sides, (ii) the projections of the three vertices on their opposite sides, and (iii) the midpoints between the orthocentre and each of the three vertices. The centre of this nine-point circle happens to lie on the Euler line too, and indeed is the midpoint between the orthocentre and the centroid! As if this is not remarkable enough, a little more than a century ago, it was discovered that "this nine-point circle is indeed tangent internally to the circumcircle, and externally to each of the three excircles of the given triangle". The teaching of plane geometry should at least aim at conveying such and numerous other awesome wonders hidden behind a geometric shape as simple as a triangle!

18 梁鑑添博士漫談香港數學教育（訪問）

莫雅慈　整理

提起梁鑑添博士的名字，教人不禁想起七十年代香港數學課程大改革。當時新舊數學的爭戰持續了十多年，直至八零年代合併數學課程誕生才告結束。此後，課程作了少量修改，香港課程發展委員會在 1985 年推出中學數學課程綱要，一直沿用至今。在訪問開始的時候，梁博士曾謙虛地説自己的觀點是“明日黃花”。但聽著他娓娓動聽的分析，又教人得到不少針對時弊的見解。

回顧香港數學教育的發展，自合併數學到今日，梁博士的評價是褒多於貶。

“最低限度，當年合併數學的路向沒走錯。如果真的要貶的話，可能是執行上有些地方未能做到。當時合併的方向是希望脱離一些比較玄虛的所謂新數，回到一些比較實際的數學上。合併數並不是單要取消新數，重拾舊數，而是在合併的過程中，香港的數學老師盡了很大的努力去審查舊課程，決定那些是應保留的東西。當時六十年代的舊數課程確是存在很多十分陳舊的東西，乘著大家厭棄新數的矯枉過正，便可將一些不應存在的舊東西刪去，同時亦滲入了新數的精神，而不只是形式，去將課程做好。從這點看來，合併數應是好事。但合併至今，課程已作了不少修改，對於現今中學課程的樣子我已不太清楚了。今日的數學課程會不會如兩星期前的會議[1]所説的一般，多了很多無謂的東西？而為甚麼招人不滿的附加數學仍然存在和沒改善，則更教人不明白。

“另一方面，今天主流數學課程有一點是未能做到的，那是沒有介紹數學的實質，缺少數學的很大部分，最明顯的是缺少了幾何。這點在大學一年級的同學的表現中可以很清楚地看到，他們在綜合幾何和解析幾何都有功力不足之處。可惜今日附加數學處理不當。現在附加數學是在主流數學課程連續接枝而上，效果並不理想，倒不如將它作一門旁生枝節的數學，獨立處理，讓對數學有興趣和能力的同學，在選修附加數學的過程中，可以學到一些在主流數學課程中沒有的數學，如幾何等。其實既然大家不喜歡現時的附加數學，正好是時機將附加數學從接枝的地位改為旁枝，讓部分同學能學到更多數學。今日附加數學的內容與中六的課程重複，學得不好，反而會為中六帶來問題，不如將‘先學’改為‘多學’。此外，操練的題目在主流數學裏已是那麼多了，附加數學更應重新審訂宗旨，挑起另一個擔子。”

言談間可以聽到梁博士對幾何有特別的鍾愛，為甚麼在芸芸眾多的數學課題中要獨選幾何呢？梁博士又作了以下的補充。

“中四同學的思維較低年班的同學成熟，可以開始接受幾何。我們可以引導他們看到幾何如何從少到多的產生，如何用邏輯方法建立起來，而又運用在其他地方，這是很重要的。未能掌握數學語言的運用和表達技巧是今日學生的弱點，透過有效的幾何訓練，應是可改善的。

“另外，因對幾何認識不夠，學生亦缺乏了對數學的整體觀。我們學習數學，不應單看一塊一塊的零碎片段，應盡量學習整體來看。這不是靠做大量習題可以達到的，而是要透過學

[1] 香港課程發展處和教育署及考試局轄下各數學科目委員會於1994年3月舉行了一次聯席擴大會議。

習幾何或類似的數學，不斷引導學生思考提問才是最好的辦法。

“推薦幾何並不是基於個人鍾愛，而是因透過學習幾何，我們可以教學生學到我們期望的精密思考。好像中世紀時，人們從學習文法和數學去學習思考一般。可惜今日的數學課程，偏重於計算的技巧，而且往往是一些適用於少量題目的細微技巧和流於重複。在這方面幾何又優勝得多了。一個幾何問題可以有多個處理方法，同時在討論時課堂氣氛亦可更見活潑。

“當年若不是新舊數的衝擊，亦不能順利地刪掉舊數中許多教人不滿的東西。現在大家對附加數學課程不滿，不如抓著機會給它一個大開刀。”

今日大學學位增加，考試的壓力已大大的減輕了，梁博士更認為這是擺脱考試的束縛，改革課程的好時機。

“現在的形勢和以往的不同。昔日是學生爭學位，考試主要的目標是淘汰運作，教學難免偏重於操練運算技巧以應付考試。今日卻是學位找學生，考試的壓力少了。考試無需再以淘汰學生為目的，可以注重檢驗學生的學習效果和思考能力。大家應把握這有利的形勢，一改以往以考試推動教學的作風，實行以教學為先，讓學習更有焦點。若是這樣，課程的策劃設計便可獲更大的自由。當日在七十年代，乘著合併數帶來的課程改革，我編寫了中學課本《基本數學》（*Basic Mathematics*），嘗試以不同數學重點去引導學生認識數學的本質和學習思考。可惜基於未能與考試配合，在為考試而教學的大趨勢下，未能被學校採用。今日的課程改革若能爭取更大的彈性和自由，這套課本仍有可參考的地方。”

但要對課程“大開刀”，便難免要將很多課題如微積分，三角函數等刪掉。此舉會否對學生進入大學的預備功夫有礙呢？對這問題，梁博士卻有以下的看法。

“大學其實需要的並不多。微積分、代數、以及集合論都要在一年班重頭教起。重要的反而是對學好數學和正確學習態度的培養，這方面是現時未能做到的。現在的課程趨向把一個課題拉到很長很長。由中三開始，操練至中七亦是差不多的東西，學生被操練至疲乏，而學科亦缺乏了新鮮感。假如我們不是這樣處理，而是每一年設立重點，而第二年只是按需要地運用，不再重複操練，那麼課程便可更有趣。同時任教的老師亦可因有中心主題，在素材上可更有彈性的處理，更能發揮他的才能。現在的同學從中四開始學微積分，重重複複地操練，進入大學後，亦不見有特別好的成績；反之，很久以前大部份學生進入大學前只學了一年微積分，他們並沒有比今天的學生有特別大的困難。

"雖然操練的重要性不容忽視，但是計數要計得有趣，可惜真正教人計得有趣的題目卻不多見，操練題目更不屬此類。在草擬有趣題目方面，又是在幾何中較容易做。"

在科技發達的今日，不斷鼓吹學生多接觸新事物、並提倡要將學科與日常生活拉上關係，又如何為古老的幾何學在課程內爭一席位呢？

"數學這一門學問是愈積愈多的，我們應該怎樣取捨呢？那就要看學習數學在學生的成長過程中所扮演的角色。如說是著重計算，今天已不是著重計算的年代，很多繁複的運算已是不需要，應把時間花在別的功夫上。至於一些新添的枝節題目，早些學和遲些學沒大分別，加了大家像很歡喜，但對幫助學生認識數學的本質亦不見得有多大用。數學的本質是用數學提出問題，從而用數學的方法去解決。這點對孩子的成長很有幫助，一方面要知如何解決問題，另一方面更要有豐富的想像力，學會提問。

"將學科和日常生活拉上關係固然是好，但做不到的時候便不要勉強了。況且孩子亦不一定對日常生活感到興趣，他們對謎語，奇怪的笑話可能更感興趣。最重要是如何將數學表達成一樣有趣的東西。有些時候放棄一些牽強的數學例子，直接叫學生做數學問題，可能會更好。"

要將數學教得活潑有趣，當然少不了一位好老師。做一位好的數學老師又要在甚麼地方下功夫呢？

“在本位上要清楚教學內容，要教得有趣，這是最基本的。如果剛從港大畢業而希望作一位好老師，可以多看一些數學普及的書籍，例如數學歷史、數學家歷史、數學發展等，這對他們個人發展和教學都會很有用。數學是一門累積性的科學，它的價值是恒久的，例如：古代的畢氏定理在今日依然有實用的價值，不像物理和化學，它們的一些理論會不斷地被新發現所替代。相對來説，數學史卻是一門活歷史，我們若將數學放回它當日發展中的文化背景來看，例如：微積分的誕生，我們可以看到數學由問題求解開始，經過不斷的努力，數學家把問題看透，在尋索答案的過程中把數學範圍再度推廣；這比單單學會如何微分函數有趣得多。老師們若能在這方面多花時間，必能有所得著，對自己喜愛的數學作一個更深入的認識，把問題從局部推至更廣，再回到本身的問題裏。

“此外，在語言表達方面，老師亦應努力作一個好模範。正如蕭文強先生所説的：‘要做一個學養老師。’[2] 同時，資格老的老師亦可多幫助年青的老師，彼此多作交流。”

香港受著西方文化的衝擊，在課程改革中亦難免不斷受外國的影響，在這方面梁博士又有以下的忠告。

“外國的經驗應該重視，不能因是外國來的便不採用。但要察看其背景和問題是否和香港的情況相同，才可考慮，不能一概而論。適用於香港的可以用，不適用的便不必了。同時亦應盡量利用香港的有利條件。香港地方小，訊息快。有新意念，很快便可讓全港的教師知道，很容易召集開會討論，只要有人提綱挈領，便很快可以抓著核心處理；這比地大人口分佈廣的美國有利得多了。此外我們的數學老師的程度亦是優點。我們的老師雖不及以教育為傲的德國，但卻絕不比英美的差，

[2] 見本書第12章。

要辨新課題，只要提供師訓，很快便能做到。所以香港一定要好好利用自己的優點。”

課程的改革和發展自然少不了老師的角色，梁博士認為中、小學課程改革的擔子應回到老師身上，而大學教育卻是肩負了另一個責任。

“今日的香港與三十年前不同了，教育組織擴大了很多，多了很多委員會，有關於考試的，也有關於課程發展的。這些組織都由老師作主要的骨幹，以往大學所做的都傳交給老師了。同時，現今在大學負責數學的同事對中、小學教育的興趣亦不大。

“現今的大學數學課程，基於環境因素，在培養作中學數學老師的工作有不足之處，不過在數學系攻讀而有志於教學的同學亦不多。近年大學開設教育學士學位，直接教育中、小學老師，老師的培訓工作將來會有更大發展。

“有人認為大學數學系的目標是研究。我覺得做研究當然重要，但更不能忽視培育一般數學人材，因為這批人將會是社會的骨幹。社會的發展需要各式各樣的人，他們會面對各種自己從未遇見過的新工作。在這方面，數學教育如做得適當的話，應為社會培植一批很有用的人材，他們有數學的修養和知識，知道運用數學的方法，也可以應用在其他的工作上，不一定要研究或教數學。培養人材是重要，至於選修那一科目去培養人材卻是次要的問題。從歷史上很多個案中可以知道，很多有貢獻的人，他們的工作和在大學裏選修的科目都不一定一樣。所以，一個有為青年在大學裏修讀那一科目並不重要，重要的是重視所學的，以“求學為己任”的態度在自己有興趣的學科發展；在三年大學生活中，若是可以在做事和做學問當中獲益，反而比某一方面的專業知識重要。數學作為一樣那般中性的東西，尤為有用。同學亦不需要過份困擾於將來的職業志願。若志願是 x，仍然可以學 y；若是 y 學得好，則作 x 亦會很成功。”

大學教育是要全面的，梁博士又提醒同學要關注其他事物，多閱讀修讀學科以外的書籍。

“不可以讀了數學後，便對其他事不關注，不然的話同學會在大學群體的生活中缺少了一樣東西。學數學的人亦可常讀詩詞歌賦以陶冶性情，學文學的同學亦可多看一些別的書籍。重要的是多看各類的書，同時看書亦不是單單看書便算了事，我們可以用看數學書的態度去看其他的書。看完後再反覆思考，從而再追尋更多；要知道來龍去脈，要明白，再思考可發展的題目，例如看一首詩時，要懂得其好處，明白詩人的心境和時代背景，想像詩人的生活和社會狀況，亦可將中國的詩詞和西方的、古代拉丁文的詩詞作比較，便可獲得更多。”

最後提到“九七”對數學教育的影響，梁博士認為數學本身是一個文化，無分中英，只是課程和學制可能會有新發展。

“香港有六百多萬人，好比一個小國家，但因為香港不是一個國家，養成了很多政治上、教育上、社會上的依賴性。這些依賴性不是九七年六月三十日便可即時消失，將來的依賴性會否更大，很難預料。不過既然知道這點，便應正視，看看如何可以克服自己的缺點。例如對英國來的課程和學制，老師和政府都應持一個認真和正面的看法。以往雖然在英國教育處得到不少益處，但亦吃過虧。要擺脱依賴性，可以慢慢地學習，把外國來的東西小心看清楚。數學本身是一個文化，無分中英。至於教育制度和課程問題能否和應否擺脱英國的影響，不應太早作出定論，應選取最適合香港學生和教師的情況。香港目前的體制很死板，若能有彈性一點，則問題會較容易解決。”

訪問作於1994年3月。

附錄

1994年3月12日攝於數趣漫話普及講座，講題為"350年懸案：費馬最後大定理"

1975年夏率團訪問西安交通大學，攝於座談會中

1969年8月攝於香港中文大學，出席亞洲高等教育研討會（Asian Workshop on Higher Education），左面站立者為當時香港大學數學系系主任黃用諏教授

1969年8月攝於會議茶聚中

1957年攝於蘇黎世寓所中

1954年初抵蘇黎世攝於湖畔

1953年攝於漢堡寓所中

2

Eigenhändige Unterschrift des Buchinhabers:

Leung Kam Tim

Zur Beachtung!

Das Studienbuch gilt für die **gesamte** Studienzeit des Inhabers.
Das **Buch** ist der alleinige Studiennachweis bei der Meldung zu den Prüfungen. Es ist also eine **wichtige Urkunde**, die sorgfältig zu verwahren ist.
Die Ausstellung einer Zweitschrift des Studienbuches ist mit Zeitaufwand und erheblichen Kosten verknüpft.

3

Des Studenten

Familienname: Leung
Vorname: Kam Tim
Geburtstag: 30. Mai 1932
Geburtsort: Hong Kong
Kreis oder Provinz pp.:
Staatsangehörigkeit: Britisch

Schulbildung des Studenten

Reifezeugnis de
zu
vom
Ergänzungsprüfungen:

Sonstige Vorbildung:

Student Handbook (漢堡大學)

Die Karte ist im Laufe der ersten drei Wochen jedes folgenden Semesters der Universitätskanzlei zur Abstempelung vorzulegen; sie verliert, wenn das nicht geschehen ist, ihre Gültigkeit. Auch ist sie bei der Vorlesungs-Inskription dem Kassier der Universität auf Verlangen vorzuweisen. Wohnungsänderungen sind binnen dreier Tage der Universitätskanzlei anzuzeigen.

Student Card (蘇黎世大學)

作者

（依目錄次序）

蕭文強	香港大學數學系（1966 年香港大學理學士）
梁鑑添	香港大學數學系
黃毅英	香港中文大學課程與教學學系（1977 年香港大學文學士）
馮振業	香港教育學院（1982 年香港大學文學士）
孫淑南	羅定邦中學（1985 年香港大學文學士）
陸慶燊	香港中文大學數學系（1971 年香港大學文學士）
陳鳳潔	香港中文大學課程與教學學系（1966 年香港大學理學士）
周偉文	香港大學課程學系（1980 年香港大學理學士）
沈雪明	香港大學統計學系（1977 年香港大學文學士）
李金玉	退休，前香港理工學院應用數學系（1959年香港大學理學士）
林　建	香港大學統計學系（1967 年香港大學文學士）
黃家鳴	香港中文大學課程與教學學系（1980 年香港大學文學士）
E. Barbin	IREM Paris 7
姚如雄	Florida Atlantic University 數學系（1975 年香港大學文學士）
莫雅慈	香港大學課程學系（1982 年香港大學理學士）